餐桌上的文化课

1

南米北面

安迪斯晨风 —— 著

陈丽丹 —— 绘

GUANGXI NORMAL UNIVERSITY PRESS

广西师范大学出版社

·桂林·

CANZHUO SHANG DE WENHUAKE　　NANMIBEIMIAN

餐桌上的文化课 南米北面

出版统筹：汤文辉　　　　　　　　　责任编辑：戚　浩

品牌总监：张少敏　　　　　　　　　助理编辑：纪平平

选题策划：李茂军　戚　浩　　　　　美术编辑：刘淑媛

责任技编：郭　鹏　　　　　　　　　营销编辑：赵　迪

特约选题策划：张国辰　孙　倩　　　特约编辑：孙　倩　冉卓异

特约封面设计：苏　玥　　　　　　　绘图助理：潘　清

特约内文制作：苏　玥

图书在版编目（CIP）数据

餐桌上的文化课.1，南米北面 / 安迪斯晨风著；陈丽丹绘. --桂林：
广西师范大学出版社，2024.4
　　（神秘岛. 小小传承人）
　　ISBN 978-7-5598-6795-7

　　Ⅰ．①餐…　Ⅱ．①安…　②陈…　Ⅲ．①饮食－文化－中国－少儿读物
Ⅳ．①TS971.202-49

　　中国国家版本馆 CIP 数据核字（2024）第 039282 号

广西师范大学出版社出版发行

（ 广西桂林市五里店路 9 号　邮政编码：541004 ）
　网址：http://www.bbtpress.com
出版人：黄轩庄
全国新华书店经销
北京尚唐印刷包装有限公司印刷
（北京市顺义区马坡镇聚源中路 10 号院 1 号楼 1 层　邮政编码：101399）
开本：720 mm × 1 010 mm　1/16
印张：7.25　　　　字数：85 千
2024 年 4 月第 1 版　　2024 年 4 月第 1 次印刷
定价：39.80 元

- 总序 -

　　四十多年前，我还是个小孩子，住在北方农村，当时家里的主食是玉米，不是现在超市卖的甜玉米、糯玉米或水果玉米，而是玉米面——等嫩玉米长得又老又硬再掰下来，然后晒干，再把玉米粒剥下来磨成粉。农民不知道嫩玉米更好吃吗？当然不是。但是嫩玉米不容易存放，放久了就会发霉长毛，而玉米面放的时间长，也更抗饿。

　　玉米面当主食，我们家主要有两种吃法。第一种是蒸窝头，不是现在超市卖的那种又香又甜的窝头，而是纯玉米面蒸的，口感又硬又粗糙。配什么菜呢？以前家里用大缸腌萝卜咸菜，往窝头的窝洞里塞上块咸菜，就是一餐。第二种是玉米面菜糊糊，白菜放在铁锅里用油炒一下，跟玉米面混在一起再煮熟。因为有菜有油又有盐，大人平时舍不得吃，往往留给孩子或病人。

　　我过三岁生日时，爸妈破例用小麦面粉擀了一顿面条，还做了一碗西红柿鸡蛋卤。那时候，我还觉得玉米面菜糊糊是世界上最好吃的东西，也不认识面条，于是大发脾气，吵着要吃玉米面菜糊糊。等到浇上卤子的捞面条端上桌，我吃了一小口立刻不哭了——真好吃啊！从那以后，我梦里的美食就变成了面条。

　　后来，我上小学的时候，有一次过生日，爸妈郑重地端上一碗热气腾腾的大米饭，米粒莹润丰腴，好似珍珠白玉，一眼看上去就很吸引人，再吃上一口，软糯香甜，好吃极了，跟面条、饺子比，是全然不同的味道。当时我就想，如果能天天都吃大米饭，这日子得多滋润呀！

面条、米饭这样的主食已是不寻常，副食、零食就更少见了。我小时候，只有过年才能吃到苹果、橘子，父母到城里办事，偶尔会买几根香蕉回来。

上大学之后，来自天南海北的同学会把家乡的美食带回来分享：金华的火腿、秦皇岛的皮皮虾、杭州的山核桃、天津的耳朵眼炸糕……最令人惊喜的是重庆同学带回的一条熏腊肠，外表黑黢黢的，毫不起眼，但是切片蒸熟之后，那股麻辣鲜香的滋味，让我有一种青蛙爬出井口看到天高海阔的感觉，直到现在还难以忘怀。

从那以后，我就立下一个不大不小的志向：要走遍祖国大好河山，尝遍中国各地的美食。于是，我一次又一次惊奇地发现，因为自然环境、习惯和文化的差异，全国各地的食物品类、烹饪方式、饮食风俗都大不相同。

有一年，我去浙江省绍兴市旅游，民宿老板家里每天中午至少做四个菜，有鱼有肉，但每一个菜碟都很小，吃上几口就完了。而我们家乡直到现在，每一顿也就一两道菜，但是分量大，有时一道菜能吃好几顿。还有一次，我去山东沿海的威海市玩，发现那里的海鲜极为便宜，当地老百姓日常喝的粥中都加了海虹、扇贝肉或海蛎子，反倒是我们常吃的青菜卖得挺贵。

一方水土养一方人。江南鱼米之乡，气候温暖湿润，蔬菜、水果品种丰富，河鲜很常见，稻米是日常主食，人们的口味偏爱鲜甜；云贵高原山岭险峻，树木丛生，当地人多食山珍菌子；西北地区气候干燥，草原辽阔，人们偏爱面食和牛羊肉食——当然，这些只是极为粗疏的总结，实际上，每一个省、每一座城市，甚至每一个乡镇都有自己独特的美食。

　　除了地域和气候的影响，科技的发展、时代的更迭也对饮食习俗有深远的影响。在四十多岁的我的记忆中，家乡的主食是玉米面；但在我六十多岁的爸妈的记忆中，最常吃的却是难以下咽的红薯面窝头和高粱面饼子。然而，无论是玉米还是红薯，出现在中国人食谱中的时间都不可能早于 16 世纪，因为它们都是美洲土生土长的植物，大航海时代开启之后，才经过欧洲人之手流传入我国。而玉米面和红薯面在北方乡间的"统治地位"，在上世纪九十年代末已经终结，现在的年轻人想到主食，往往是白面馒头、面条或者米饭。我小时候，人们买猪肉时都喜欢要肥肉，因为一年到头都很少见油腥，大肥肉吃起来格外香，而且能熬炼猪油，剩下的油渣更是人们喜爱的美食。现在大家注重营养均衡，还有不少人热衷减肥，饱含脂肪的大肥肉自然也就遭人嫌弃了。

　　我们常常提到"饮食文化"，确实，食物和文化息息相关，每一种自古流传至今的美食，都浸润着几千年的文化传承，人们生活方式的细微变化中也折射出文化的发展演进。"餐桌上的文化课"这套书讲述的，就是我们中国人独有的饮食文化，从远古时代的人们采摘的野菜、捡拾的野生谷物开始，历经沧桑变化，才有了我们餐桌上的一道道美食。希望读者能够了解这些美食背后的故事，从日常的一粥一饭中，体悟到传统文化深刻而鲜活的魅力。

不过，必须说明的是，我们中国实在是太广阔了，我去过的城市还不到一半，而且就算是去过的城市，我对当地的饮食习俗也是一知半解。随着时代的变迁，不同地域的人们吃什么、怎么吃，以及饮食中蕴含的文化都有差异，书中的示例可能只是一时一地的情况，换一个地方又有另一套做法。另外，对于古籍中记载的食材和烹饪方法，不同的人会有不同的解读，随着考古的最新发现，现有的观点也会不断更新，很难确证哪种是最普遍、最权威的。所以本书仅仅是作者的一家之言，肯定难以尽述博大精深的中华饮食文化，对于书中的错漏之处，期待读者朋友们的指正和补充。

"今天晚上吃什么？"

这句话一问出来，你就会发现，回答的人大体分成了两个阵营。在一些人看来，吃饭不就是吃米饭吗，还需要问？在另一些人看来，吃饭不就是吃馒头、面条或烙饼吗，还需要问？在我们国家，平时更喜欢吃米饭的很可能是南方人；而更喜欢吃面食的很可能是北方人。米饭和面食好像是两大武林门派，拥有各自的弟子和独家武功。两派时不时狭路相逢，为自己的偏好一较高下。

其实，物产决定了人们的饮食习惯。中国地域辽阔，千百年来南方多产水稻，北方多产小麦。面对手头有的食材，人们绞尽脑汁，变着法儿地做出各种花样的吃食，渐渐地形成了习惯，最终形成饮食文化。

接下来，就让我们带上自己的胃口，一起去探索古代中国饮食文化，发现祖先在漫长的历史中留下的痕迹吧！

目录

1 **米：粒粒皆辛苦** —————— 1

驯化野生稻   2

五谷之长   4

春种秋收   6

2 **一饭一粥** —————— 11

蒸米为饭   12

米饭花样多   17

烹谷为粥   22

3 **稻米变形记** —————— 29

端午节的粽子   30

古老的锅巴   33

大米做的"面条"   35

团团圆圆吃汤圆   37

绿油油的青团   39

麻球圆滚滚   40

救了一座城的年糕   42

噼噼啪啪爆米花   44

4 **面：从小麦到面粉** —————— 47

麦的逆袭   48

"难吃"的麦饭   52

面粉变变变   56

5 **白白胖胖蒸馒头** —————— 61

发酵的面团　　　　　　　　62

馒头的由来　　　　　　　　66

包子的前世今生　　　　　　70

看了舍不得吃的花馍　　　　72

6 **千姿百态的面条** —————— 75

4000 年前的面条　　　　　76

小麦面粉：厨师的救星　　　78

从汤饼到面条　　　　　　　81

面条的不同吃法　　　　　　85

吃面的习俗　　　　　　　　87

7 **好吃不过饺子** —————— 91

能治病的饺子　　　　　　　92

春节的饺子　　　　　　　　95

家家户户吃饺子　　　　　　100

结语 ———————————— 103

米：粒粒皆辛苦

①

　　我们平时吃的大米是水稻的籽粒。不过，水稻最初并不是我们现在看到的样子，而是经过长期耕作培育出来的。我们的祖先可能是世界上最早耕作水稻的。大米早在数万年前，就成了人们赖以生存的食物之一，曾有人奉其为"五谷之长"。

驯化野生稻

最初，水稻并不是现在这样的，口味也没有现在这么好。水稻的诞生很有传奇色彩。在很久很久以前，地球上杂草丛生，原始人靠狩猎和采集食物生存，在荒野里找到啥吃啥，草籽、野果……都是他们能找到的食物。其中有一种野草的草籽，干瘪黝黑，颜色发红，味道比其他草籽稍微好一些，生嚼时有一点点甜。这就是现代水稻的前身——野生稻。

野生稻

野生稻的优点是淀粉含量高，可是它有一个明显缺点：籽粒一成熟就掉落，各自散落在地上，人们得趴在地上一粒粒地捡。要是想大量收捡、储存，是十分困难的。于是有不甘心的人开始琢磨：这东西能不能改进呢？传说这个人就是中华始祖之一的炎帝。这位大英雄砍削树木，扭弯木材，发明了农业生产工具耒（lěi）和耜（sì），并教导人民耕作。学会耕作后，人们将采集来的野生稻进行培育，逐渐驯化出稻粒不易脱落、方便收集的稻子。

有科学家推测，古人驯化水稻的过程可能是这样的：每至秋高气爽，野生稻成熟之际，人们便到野外采集稻穗。为了省力，他们只把那些饱满且尚未脱落的稻粒撸下来，带回家享用。这些经过人工挑选的稻粒偶尔洒落在沿途的地上，生长成新的稻子。久而久之，这些地方长出的稻子拥有了一个共同特点：稻粒不易脱落。人们发现了这个现象，不由得

稻子

眼前一亮，开始有意选用这种稻粒种植繁育。就这样年复一年，经过无数代人的努力，稻粒不易脱落的特性被加强，顽强的野生稻终于被驯化成类似于今天的稻子——稻粒成熟后挂在穗上，等待人类来收取。这种稻子被称为"栽培稻"。

考古发现证明，这个变化至少发生在上万年前。我国考古学者在湖南省永州玉蟾岩遗址中发现了大约一万多年前的栽培稻的谷粒。另外，考古学者在长江中下游流域、黄淮流域、珠江流域、云南地区也都发现了早期遗存的栽培稻的稻粒。这些考古发现令全世界的学者瞩目，也证明了中国可能是世界上最早种稻的国家。

栽培稻的出现意义重大。正因为有了稳定的食物来源，从此以后，人们不再东游西逛到处觅食，而是固定在一个地方生活。聚居的人多了，便形成了村落、族群，再后来逐渐有了城市、国家。

五谷之长

在我国，水稻主要生长在南方，这是因为水稻的生长需要足够的水分。打开地图你会发现，我国的南方地区河流密集，再加上气候温暖、雨水丰沛，是水稻理想的生长家园。而北方主要是温带大陆性气候和温带季风气候，雨水并不充足，小米、小麦等耐旱作物更容易种植成活。

因此，在交通不便的古代，北方人很少能吃到稻米。《论语》中有一段孔子和弟子宰予的对话。宰予说："三年之丧，期已久矣！"他认为，为父母服丧三年太长，一年就够了。孔子训诫他："食夫稻，衣夫锦，于女安乎？"意思是说，服丧期间不能贪图享乐，如果你服丧不到三年就吃大米饭、穿锦衣，你心安吗？孔子把吃大米饭和穿奢华锦衣并列看作贪图享受的行为，可见当时稻米珍贵，在北方只有少数贵族才能享用。

东汉末年，由于战乱频发，人口数量锐减，许多地方甚至出现了"千里无鸡鸣，白骨露于野"的惨象。为了躲避战乱，北方人纷纷逃往南方。当时北方的农耕工具和技术比南方先进，北方人带着先进的农耕工具，包括铁制农具等，以及牛耕、水利建设等先进的农业生产技术，来到雨水充沛的江南地区种植水稻，逐渐形成了一套水稻种植体系，并把水网密布的江南开发成水田遍地的鱼米之乡。后来，长江以南地区成了供应全中国粮食的"米仓"，就有了"湖广熟，天下足"的说法。

这套种植体系更影响了日本、朝鲜等国家。如果你去这些国家的农业博物馆，会发现许多展品都很眼熟，因为它们身上都有中国农业生产技术的影子。

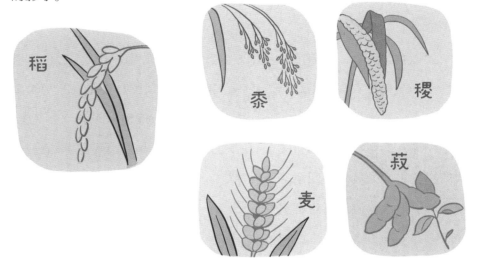

战国以前，人们把日常主要食用的五种农作物称为"五谷"——麻、黍、稷、麦、菽（shū）。当时这份名单上还没有稻米的影子。到唐朝之后，"五谷"从"麻、黍、稷、麦、菽"变成了"稻、黍、稷、麦、菽"，稻米一跃登上榜首。从此以后，稻米"五谷之长"的地位再也没有动摇过，成为中国南方大部分人的主食。

春种秋收

家里养花花草草的人都知道，每到春天，都要给花盆换上新土，俗称"换盆"。因为经过一年的生长，植物已经把土里的营养吸收了，需要换上养分充足的新土。

种田也是如此。可是盆里的土可以换，地要怎么换呢？中国的土地被耕作了数千年，现在还在持续产出粮食，这是怎么做到的？前面我们说到，中国人有一套科学的农业生产技术，不仅懂得怎么种植庄稼，还懂得如何养护土地。

"民以食为天"，在农业社会中，农业生产是天大的事情。古代官府想了许多办法督促农人勤劳耕作。绘制、推广《耕织图》便是官方用来传播农业生产技术的重要方法之一，上面详细记载着古代耕织的生产全过程。我国不少地方的博物馆里都有关于《耕织图》的藏品。从图上我们可以看到，古代的农业生产大概分为四个环节：春耕、夏耘、秋收、冬藏。直到现在，农业生产仍然大体遵循着这套流程。

耕地

水稻生长在水田里，在耕种前，农人首先要将田土整得湿软合宜。稻田并不是一年四季都有水，在冬天，土地经过西北风摧残，变得像石头一样坚硬。所以到了初春，农人先要赶牛拉犁，把硬地面翻开，使下层土壤翻盖在上一季用过的表土上，顺势把地面上的稻秆也埋进土中，使其腐烂成肥料。

地犁完了才能引水进田，泡软田土。之后，再用工具把小块的土块儿扒碎，用耙耙过几遍后，泥土匀细平整，这才是一亩好田应有的样子。

插秧

地耕好后，就可以插秧了。农人先把处理好的稻种撒在秧田里，等秧苗抽出嫩芽，再将其移植到水田中。插秧时要注意横成行、竖成列，秧苗间要有一定的间隔，让每株秧苗都能充分晒到阳光，吸收到土地中的营养，同时也为后期田间管理，如施肥、耘田留下空间。

夏耘

　　插秧后半个月左右，秧苗间的野草也长了出来，跟秧苗抢地盘和营养。嫩嫩的秧苗哪里是野草的对手呢？没关系，有农人来帮忙。他们用脚把野草踩弯，埋在泥里，野草顿时便"熄了火"，被水泡烂反而成为秧苗的肥料。在稻子的生长季，这样的除草工作要进行三四回。

　　这个时期，农人要做的还有很多。如果气候干旱，田里缺水，要挑水、挖渠，为稻苗灌溉；如果稻苗长得"面黄肌瘦"，就要及时为它们施肥，补充营养……这些都是保证粮食丰产的重要工作。

秋收

　　好不容易等到秋季，稻子成熟了，农人的心又悬了起来。这时候要是天公不作美，下起雨来可就糟了。稻子一旦被雨水打湿，便会倒伏，不易收割。如果晾晒不及时还会发霉，那就前功尽弃了。

　　如果没有出现阴雨天气，农人便能舒口气。在那些秋阳高照的日子里，劳动力全部下田工作，用半月形镰刀收割，然后迅速把割下的稻子扛运到晒场晒干，堆成高高的谷垛。

持穗

稻子收割完了，这时稻粒还牢牢地长在稻穗上，所以接下来需要把稻粒和稻穗分开，这时，有的地方会使用一种特殊的工具——连枷，就是在一根长木棍的前端绑上几片可转动的竹片。农人

挥动连枷，竹片击打在稻穗上，打上几下就能把稻粒敲落下来。这样既不会敲碎稻粒，而且脱粒效率高，真是一个巧妙的办法。

簸扬

把稻秆丢掉，我们就得到了一堆混合着少量稻叶和断秆的稻粒。用"簸"的方法去除稻叶和断秆后，又该用什么办法把混在稻粒中的杂质去掉呢？用"扬"——在有风的时候，农人用木锹铲起稻粒向空中抛撒，较轻、较小的残叶和碎壳随风飘到一边，较重的稻粒则直直地落在地上，这样稻粒和杂质就分开了。

舂碓

这个时候的稻粒还不是大米，要捣去外面那层坚硬的稻壳，才能得到洁白的米粒。于是，人们又发明了用手杵的杵臼，以及用脚踏或水力驱动的碓（duì），用它们来捣除稻壳，这样就得到白花花的大米了。

入仓

　　农人通常会建造谷仓来贮存稻谷。稻谷的保存非常重要，冬季天寒地冻、万物封藏，人们主要靠储存的粮食过冬。经过春种秋收，稻谷终于落袋为安，农人的心这才放下来。接下来就是祭神谢天，欢庆丰收，迎接新年。

- 小知识 -

古代粮食的贮存

　　俗话说："手中有粮，心中不慌。"粮食的生产和贮存在历朝历代都是很重要的事。早在约 7000 年前的河姆渡文化时期，我们的祖先就掌握了贮藏粮食的方法。中国历朝历代都会建造一些大型粮仓，比如隋朝修建、唐朝作为国家大型粮仓的含嘉仓，有几百个地下粮窖，最多能贮存近 600 万石粮食。为了防潮、防虫、防鼠，这种大型粮仓一般要建在干燥、凉爽的地方，粮仓四面墙壁用火烘干，熏艾草杀虫，再养上几只猫抓老鼠。普通百姓贮存粮食主要用陶制的大缸或木桶。

我们日常吃的米饭和粥，就是用米做的。米作为中国人的传统主食，已经有上万年的历史了。中国人在米食制作上花样翻新、精彩纷呈，不同地域的人创造出了各自的特色米食，我们从中能窥见不同的风俗文化。

一饭一粥

蒸米为饭

表面看起来，米饭是世界上最简单的食物，只要把米放到水中煮熟，就成了香喷喷的米饭。但是在古代，要做出这样一碗米饭，可不是一件容易的事。

在学会使用火之前，人们吃稻米只能生嚼。在学会使用火之后，人们在把肉弄熟的同时，也开始思考：用什么办法弄熟稻米呢？

到了新石器时代早期，人们想到的办法是——烤！在石板下生火，然后把稻米放到石板上烘烤。

到了距今约 7000 年的河姆渡文化、仰韶文化时期，人们开始采用蒸的方法弄熟稻米。最初是将稻米放入一种特殊的陶器里，这种陶器叫作"甑"（zèng），底部有许多小孔，相当于最早的蒸锅。

甑

用甑蒸饭

不过，甑不能单独使用。蒸饭时，人们需要将它放在另一个装满水的炊具上。底下生上火，水烧开后，水蒸气自下而上，透过甑底部的小孔升腾上来，就可以将甑里的稻米蒸熟了。

还有一种陶制或木制的甑，是无底的桶形，里面用竹木制成的带孔的箅（bì）子隔开，将食物放在箅子上。使用这种甑时，仍然要把它安置在烧水的炊具上，用蒸汽蒸熟食物。直到现在，在四川、云南、贵州等地，还有人家使用这种叫"甑子"的炊具蒸米饭。

古人在使用甑做饭时，并不是一开始就把米放进甑里面蒸，而是先将米放到釜中煮，等到半熟时捞出来，再放入甑里蒸熟。这样做出来的米饭水汽会稍微大一点，也叫"半蒸饭"。而这种先煮后蒸的方法，在当时被称为"馈（fēn）"。

后来，伴随着铁器的出现，人们发现铁锅结实、耐用、传热快，更适合烹煮稻米。同时，由于蒸饭费时、费力，所以煮逐渐代替蒸，成为烹饪稻米的主要方法。

与蒸饭比起来，煮饭虽然省力，但要想做得好吃并不容易。因为古代的人靠烧柴做饭，很难精确控制火候。如果水放得过多，或是火小了，煮出来的饭就容易稀；如果水放得太少，或是火大了，煮出来的饭就容易焦。清朝的烹饪书《调鼎集》中说，擅长煮饭的人，煮出来的饭就和蒸的一样，"颗粒分明，入口软糯"。这样的米饭散发着一股浓浓的米香，让人的味蕾一下子就打开了。

颜回炊饭

古人用甑蒸饭也叫"炊饭"。《孔子家语》中讲过一个故事：孔子的弟子颜回炊饭的时候，有几粒尘土落到了甑里，于是他就用手把落了尘土的饭捞出来吃掉了。子贡正好看见这一幕，误以为颜回在偷饭吃。但孔子相信颜回的人品，认为他这么做一定事出有因。他让颜回把饭进献给祖先，颜回解释了饭里落灰的事情，说不洁净的食物不能进献祖先，但扔掉又可惜，自己便吃了。

孔子对颜回非常欣赏和信任，还能用巧妙的方法解除别人对颜回的质疑。此外，我们也能从这个故事中看出，古人用甑煮饭时，很可能不盖盖子。

鬲

鬲（lì）是最早出现的炊具之一，圆口，大肚子，还有三条中空而肥大的腿，主要用于煮粥、羹等流食，还可以烧热水。把柴火堆在鬲的三条腿之间，柴火被点燃后，鬲的底部大面积受热，很快就能把里面的食物煮熟。

陶鬲

鼎

青铜鼎

鼎也是一种古老的炊具，多被用来煮肉。鼎主要有三足鼎和四方鼎两种，三足鼎有三条腿，肚子是圆的；四方鼎有四条腿，肚子是方的。这两种鼎的上沿都有两只"耳朵"，人们用木棍穿过这两只"耳朵"，就可以把鼎抬走了。可以把鼎直接立在火上，从而煮熟里面的食物。

甗

甗（yǎn）是古代的一种蒸锅，由甑和鬲组合而成，可以用来蒸煮食物。它的下部是鬲，用来装水；上部是甑，用来放食物。加热后，鬲里的水烧开，产生的水蒸气从甑底部的小孔升腾而上，将甑里的食物蒸熟。

最独特的是妇好墓出土的青铜三联甗，它的下部是一个长方形六条腿的器具，器具上有三个口，分别放着三个甑。水蒸气可以同时进入三个甑里，将里面的食物蒸熟。

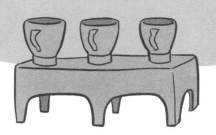

商代妇好青铜三联甗

镬和釜

镬

釜

后来，炊具逐渐向着矮、薄、轻、简的方向发展，出现了没有腿的鼎——镬（huò），主要用来煮肉；还出现了没有腿的圆底鬲——釜（fǔ），主要用来蒸饭食。镬和釜因为没有支撑点，需要放到灶上或以其他物体支撑，它们和现代的铁锅已经很相像了。

米饭花样多

米饭也叫"白饭"，除非太饿，不然通常没人会空口吃白饭，因为它实在是寡淡无味。从周朝开始，人们就在研究怎么才能给米饭加点滋味，古人称为"佐餐"，现在也叫"下饭"。

最早的盖浇饭

《礼记》记载，大约 3000 年前的西周时代，在周天子才能吃到的八道珍贵菜品"八珍"里，有一道菜叫作"淳熬"。这道菜的做法是把用油脂煎过的肉酱，当时叫作"醢（hǎi）"，盖到米饭上，然后再把热好的动物油倒上去，搅拌均匀后就可以吃了。这种豪华版的猪油拌饭，可以说是盖浇饭的雏形。

用来拌饭的醢是周天子餐桌上的重要角色。周朝的礼制规定，周天子祭祀或宴请宾客时会上 120 道菜品，并配有 120 瓮不同的酱，其中有一半是将各种肉类加上调味品发酵制成的肉酱，比如兔醢、雁醢、麋醢等。我们今天吃肉酱拌饭，在古人看来，相当于在享受周天子的款待了。

淳熬

到了唐朝，盖浇饭的做法有了更多花样。人们将肉丝和鸡蛋加上调料在一起炒，再盖到米饭上，这就是当时大名鼎鼎的"御黄王母饭"。

到了明朝末年，西红柿传入中国。后来，西红柿逐渐登上中国人的餐桌，遇到了命中注定要结识的鸡蛋——西红柿鸡蛋盖浇饭酸酸甜甜的口味令其很快便成为"国民级盖饭"。

御黄王母饭

现代的盖浇饭在做法上和唐朝的没有太大区别，只是可以用来盖浇的菜品种类更多了。喜欢吃鱼的，可以来一碗鳗鱼块盖浇饭；喜欢吃辣的，可以试试麻婆豆腐盖浇饭。

泡饭

方便又美味的泡饭很早就出现了。早在秦汉时期，人们便发明了"糒（bèi）"，就是把熟米饭晒干做成干饭。糒可以长久保存，常作为军队携带的干粮，就像现在的即食麦片一样，到了要吃的时候，用开水泡一下，就成了热乎乎的泡饭。

泡饭

另外有一种"小清新"的泡饭，是用茶水泡隔夜饭。《红楼梦》中有一段文字，说的是贾宝玉着急吃饭，等不及仆人把饭热好，便"只拿茶泡了一碗饭，就着野鸡瓜齑（jī）忙忙的咽完了"。"野鸡瓜齑"是一种下饭菜，贾宝玉为了赶时间，才就着下饭菜吃茶泡饭。人们发现，茶泡饭不仅方便省时，还有一种特殊的香味，于是茶泡饭逐渐成为一种特色美食。泡饭在我们的邻国日本也很受欢迎，日式茶泡饭是闻名世界的美食。

炒饭

隔夜的饭还有一种常见的做法，那就是炒。除了最普通的蛋炒饭，炒饭还有腊肠炒饭、咖喱炒饭、海鲜炒饭等很多品种，其中我们最熟悉的大概还是蛋炒饭，它的历史也最为久远。

长沙马王堆汉墓出土的竹简上，提到一种叫作"卵熇（hè）"的食物。有人认为，卵熇就是汉朝的蛋炒饭。到了隋朝，蛋炒饭有了一个美好的名字叫"碎金饭"，因为包裹着鸡蛋的饭粒色泽金黄，看起来像碎金子一样。

我们熟悉的扬州炒饭也属于蛋炒饭，除了鸡蛋，还要加入青豆、火腿、虾仁等配料。做好的扬州炒饭粒粒分明，色香味俱全，既赏心悦目，又美味可口。

炒饭

大米还是一种百搭食物。唐朝时，已经出现了各种各样的什锦饭、蔬菜饭。其中最有趣的要数乌米饭，也叫"青精饭"。做这种饭时，要先把乌饭树的树叶、茎、皮等煮汁，用汁将米浸黑，然后将米放在锅中蒸熟，做到三蒸三晒。青精饭的颜色接近紫黑色，古人认为吃青精饭有益健康。

青精饭

当时，广西还出现了一种荷包饭——把香糯的粳米连同鱼、肉等辅料包在荷叶里一起蒸熟。蒸好的荷包饭从内到外透着一股清香，十分诱人。这种做法有些像现代的煲仔饭，不过煲仔饭一般是用砂锅来做，配料也更多、更丰富。

荷包饭

八宝饭

很多食材都可以搭配米饭制作成什锦饭。比如，豆类、板栗、红枣和大米一起煮成的八宝饭，香甜软糯，深受人们的喜爱。在物资匮乏的年代里，人们会在米饭里掺进野菜、南瓜或者红薯，也能做出口味独特的饭食。

八珍

八珍指的是厨师们为周天子精心烹制的八种珍贵菜肴。它们的制作方法被完整地记载在《礼记·内则》中。

一珍： 淳熬。淳熬是将煎好的肉酱浇在稻米饭上，再在上面淋上热油脂，有点像现代的盖浇饭。"淳"指拌入动物油；"熬"指煎肉酱。

二珍： 淳母。淳母的做法和淳熬的相同，只是主料不同，用的是黍米饭。

三珍： 炮豚和炮羊。取一整头猪和公羊，宰杀后在肚子里塞上枣，涂上草泥，放在猛火中烧烤；之后除去草泥，把稻米粉调成粥状，敷在猪肉、羊肉的外面，然后放入油锅煎，将煎好的肉切成薄片如脯状，放进小鼎中，将小鼎放入盛水的大锅中，连续煮三天三夜，之后再用醋和肉醢加以调和。

四珍： 捣珍。取牛、羊、鹿、獐等动物的脊肉等份混合，反复捶捣，剔净筋腱，烹熟后，去掉肉筋膜，再用醋和肉酱与肉调和而成。

五珍： 渍。将鲜牛肉切成薄片，然后浸在美酒中一天一夜。食用时，以肉酱或醋、梅浆调味。

六珍： 熬。将牛肉捶打去掉肉表的薄膜，放在苇席上，撒上姜、桂等调料，用小火慢慢烘干后食用。

七珍： 糁。取等量的牛、羊、猪肉切成小块，按稻米二、肉一的比例掺和后做成饼，再煎熟。

八珍： 肝膋（liáo）。把狗肝用狗肠脂肪包好，放在火上炙烤，待肠脂烧焦就做好了。

八珍的制作方法是后人在古代典籍中找到的最古老的一份菜谱，从中可以看出，当时的厨师们是多么用心。后来，"八珍"成为各种美味佳肴的代名词，也可用来指珍贵的食材。

烹谷为粥

古人把水煮的肉和菜叫作"羹"，把水煮的谷物称作"粥"。《古史考》中有"黄帝始蒸谷为饭，烹谷为粥"的记载，认为最先煮谷物做粥的人是黄帝。可见粥很早就出现了。毕竟对人类来说煮是最简单的烹饪方法之一。

煮到软烂的粥味道可口，容易消化，所以很适合老年人吃。《礼记》中记载："仲秋之月，养衰老，授几杖，行糜粥饮食。"意思是说，农历八月之时，人们应当关爱老人，送他们坐几和手杖来辅助他们坐立，并用糜子煮粥给他们喝。

- 小知识 -
糜

糜是一种谷物，黄色，比小米颗粒大。由于糜子很容易被煮烂，所以"糜"引申出了另外的意思：烂，或像粥一样的食物。糜粥指煮得稀烂的米粥，肉糜指煮得稀烂的肉末粥。

历史典故"何不食肉糜"发生在西晋晋惠帝时期。一次，大臣向晋惠帝汇报说，百姓因饥荒而没有饭吃，很多人都饿死了。晋惠帝惊讶地说："何不食肉糜？"意思是他们没有饭吃，为什么不吃肉糜呢？身居高位的人不了解民间疾苦，说出来的话就会被人耻笑。

现在我国大部分地区不再用糜子煮粥了，但潮汕地区依然保留了这种称呼，把稻米煮的白粥称作"糜"，糜粥是当地一道颇具特色的家常饭。

汉朝以孝治国，官府定期供应粥食给高寿者，九十岁以上的老人可以得到官府发放的米粥。这本来是朝廷给老人的一项福利，后来基层官员却偷工减料，甚至用陈米代替新米来煮粥。消息传到汉文帝的耳朵里，他很生气，专门下诏指责操办人员舞弊，失去了尊老、养老的初心。

在古代社会，粥在人们的日常生活中很常见。《礼记·问丧》中记载："水浆不入口，三日不举火，故邻里为之糜粥以饮食之。"讲的是一位孝子在父母去世后悲伤万分，一点水也喝不进，一口饭也吃不下，一连三天都不生火做饭，左右邻居只好熬糜粥给他吃。

这样做其实是有科学道理的。人在长时间饥饿的状况下，肠胃的消化功能受到损害，这时候如果贸然吃大鱼大肉，就很容易造成消化不良。所以，最好先吃一点粥等流食，等肠胃的消化功能恢复后，再好好补充营养。

对于饥肠辘辘的灾民来说，粥是救命稻草，历朝历代在赈灾时都很重视粥的使用。比如南北朝时期，青州发生了饥荒，有个叫刘善明的人拿出家里贮藏的粟米，施粥以救乡邻。粟，就是现在的小米。穷人们因此得以活命，将他家的田地称作"续命田"。明朝文人王士性还专门写了《赈粥

十事》，总结赈粥过程中需要注意的事项。可见，粥食对于荒年救助灾民作用极大。而赈灾工作做不好，可能会造成严重的后果。明末大饥荒中，明朝政府没能有效安置、救济灾民，结果引发农民起义，最终导致明朝灭亡。

粥能维持人的基本生活，但如果谁家中只有粥可以吃，则意味着这个家庭极为贫穷。宋朝文学家秦观曾写下这样两句诗："日典春衣非为酒，家贫食粥已多时。"意思是说，自己典卖春衣不是为了换酒，而是因为家里已经很长一段时间穷得只能吃粥了。而《红楼梦》的作者曹雪芹在家族没落后，"举家食粥酒常赊"，全家都只能吃粥，酒水也是赊回来的，可见其贫寒。曹雪芹本人最终在贫病交加中死去。

因为粥跟贫穷搭上了边，有些人便对吃粥心存忌讳，很少有人会请客吃粥。清朝有一本关于粥品的专著《粥谱》，书中提到：我们这里的人吃粥时唯恐外人知晓，觉得粥代表了贫困。不过，不同的人对粥有不同的态度。据说南宋诗人陆游有一首诗《食粥》："世人个个学长年，不悟长年在目前。我得宛丘平易法，只将食粥致神仙。"他认为只要天天吃粥，就能延年益寿做神仙。

划粥断齑

吃粥在古代还有甘于清贫的意味，有一个成语叫作"划粥断齑"，讲的是宋朝著名政治家、文学家范仲淹的故事。范仲淹少时家贫，住在寺庙里发愤苦读。

他每天煮一锅粥，等粥隔夜凝结后划成四块，早晚各吃两块，这样既能节省粮食，又更容易有饱腹感。范仲淹以切碎的咸菜佐餐，如此吃了三年。齑指的就是捣碎的咸菜。功成名就后，他的理想仍然是"先天下之忧而忧，后天下之乐而乐"，始终关心天下苍生的前途命运，而不是贪图个人享乐。

煮粥侍姊

关于唐代大将李勣（jì），还流传着一个关于手足情深的煮粥故事。李勣晚年服侍患病的姐姐，亲自为姐姐煮粥，但他年事已高，煮粥时一不留神，把自己的长须烧着了。姐姐知道后，立即劝阻李勣，让他不要再亲自动手了。李勣回答说："姐姐多病，我也老了，即使想多给姐姐做粥，还能做几次呢？"于是他坚持继续煮粥伺候姐姐。

形形色色的粥

如今，我们有了电饭煲、高压锅，不用再受烟熏火燎之苦，煮粥成了一件再简单不过的事情。中国地域辽阔，物产丰富，各种食材做成的粥品名目繁多，既有甜咸之别，又有荤素之分。甜的有红枣粥、八宝粥，咸的有菜粥、肉粥，荤的有羊肉粥、鱼片粥、海参粥、皮蛋瘦肉粥，素的有赤豆粥、绿豆粥、薏仁粥、莲子粥、花生粥、小米粥……

粥，既可做主食，又能当小吃。美味的粥品让我们的饮食更加丰富多彩。

腊八粥

　　每年农历的腊月初八是腊八节，从北宋时期开始，人们就有在这一天吃腊八粥的习俗。腊八粥的做法并不复杂，把各种原料按照先后顺序放到锅里煮就可以了。

　　宋末元初，周密在《武林旧事》中记载了当时制作腊八粥的原料，有胡桃、松子、乳蕈（xùn）、柿、栗等。现在的腊八粥以糯米为主料，加入红枣、白果、杏仁、莲子、桂圆、葡萄干、花生米等辅料，也叫"八宝粥"。

　　用糯米煮出来的粥吃起来特别柔滑、黏糯，加入各式各样的辅料之后，粥的口感会变得特别丰富，每一口都有惊喜，这就是腊八粥的独特魅力。在寒冷的冬季，喝上一碗热腾腾的腊八粥，再惬意不过了。

　　腊八粥可口又有很高的营养价值，是非常受欢迎的节日佳肴。在腊八节这天，街坊邻里之间还会互相馈赠腊八粥，以增进邻里感情。

稻米变形记

　　中国人在"吃"这件事上充满创意，总能找到各种各样的方法来处理食物。就拿我们常见的稻米来说吧，将米裹上一层箬（ruò）叶，可以做成端午节时吃的粽子；将米饭煮焦或烤干、压实，就成了嘎嘣脆的锅巴；把稻米碾成粉蒸熟后压成长条形，就得到了米线或米粉；往糯米粉团里加入馅料，汤圆出现了；把经过捶打的熟米团压实，就有了年糕和糍粑；将米爆开，那就会得到如天女散花般掉落下来的爆米花……

端午节的粽子

相传在战国时期，楚国大夫屈原深受百姓爱戴。因为对腐败的朝廷不满，他屡次向楚王进谏，可惜他的谏言都没有被采纳。在楚国都城被秦军攻陷后，屈原悲痛万分，纵身跳入汨（mì）罗江中。民间相传，屈原跳江的这一天是农历五月初五，百姓为了防止鱼儿吃他的遗体，就将糯米撒入江中喂鱼。后来，人们为了纪念屈原，在每年的这一天都吃糯米做成的粽子，这就是传说中端午节的来历。

实际上，端午节的起源比屈原所处的时代要早得多。在春秋时期之前，长江中下游的百越族就有在农历五月初五进行龙舟竞渡和祭祀的习俗，而吃粽子的习俗却是后来才形成的。最早关于粽子的记载出现于汉朝许慎所作的《说文解字》："糉（zòng，同'粽'字），芦叶裹米也。"意思是说，粽子就是用芦苇叶裹米做成的食物。

粽子在古代还有一个名字叫"角黍"。"角"指其形状，"黍"指其原料，说明粽子最初的样子像角，包的是生长于北方的黍，也就是黄米。晋朝有位名臣叫周处，他写了一本关于地方风土民情的书——《风土记》。他在书中提到，每年盛夏的

端午时节，民间习惯用菰（gū）叶包上黍米，做成牛角的形状，放到过滤后的草木灰碱水中煮，煮到表皮破裂为止，煮好的食物就叫作"粽子"或"角黍"。粽子象征着端午前后，阴气和阳气还在互相包裹、没有分散的混沌状态。这是第一次有人把粽子和端午节联系到一起。

简粽

南北朝著名学者宗懔在《荆楚岁时记》中写道："夏至节日食粽，周处谓之角黍，人并以新竹为筒粽。"这说明除了前面提到的角黍，在这一时期，江南地区还流行用竹筒装米，密封后烤熟，称为"筒粽"。筒粽与北方地区的角黍被人们统称为"粽"。

这时出现的民间传说，开始将屈原和粽子关联起来。南朝文学家、史学家吴均所作的《续齐谐记》中记载，屈原在农历五月初五投江以后，楚地的民众非常怀念他，每到他的忌日，都会在竹筒里装上米，扔进水里祭祀他。到了东汉时期，长沙有个叫区曲的人，忽然见到了一个自称三闾大夫的人，三闾大夫就是屈原的官职。这个人对他说："非常感谢你们来祭奠我，可是你们送给我的食物总是被蛟龙偷走。如果你们再来给我送食物，可以把米裹在楝（liàn）

树叶里，外面缠上五彩丝线。蛟龙害怕这两种东西，就不会偷走食物了。"从此以后，人们祭奠屈原时，都会把食物用楝树叶包裹好，再用五彩丝线缠好，投入江中。端午节吃粽子的习俗就这样流传了下来。

东坡粽子

说到美食，又怎么能少了古代美食家苏东坡的身影。传说他被贬到儋（dān）州（今属海南省）的时候，教会了当地人以茄冬叶做皮，以咸蛋黄加猪肉为馅料做粽子。他还就地取材，把鱼干、虾米、鱿鱼、豆类也放入粽子的馅料中。这种粽子被称为"儋州风味东坡粽子"。

甜粽子还是咸粽子？

现在我们吃的粽子，主要有甜馅和咸馅两种口味。一些习惯吃甜馅粽子的人，称自己为"甜粽子派"；喜欢吃咸馅粽子的人，称自己为"咸粽子派"。"甜粽子派"与"咸粽子派"都认为自己喜欢的口味最正宗。

其实，长久以来，两派都发展出了多种风味的馅料。甜味馅料除了白糖，还有蚕豆、玫瑰、坚果、豆沙、枣泥等。咸味馅料则包含猪肉、火腿、香肠、虾仁、咸蛋黄等。粽子的种类越来越丰富，出现了南洋风味的什锦粽、豆蓉粽、冬菇粽等，甚至还有一头甜、一头咸，一个粽子两种味道的双拼粽。现在潮汕地区仍然流行双拼粽。

对于美食爱好者们来说，不管是甜馅粽子还是咸馅粽子，用料实在、味道好才是最重要的。

古老的锅巴

过去没有天然气的时候，人们做饭用土灶，不好控制火候，经常一不小心就把米饭烧焦了。烧焦的米饭粘在锅底，形成了一层厚厚的硬脆的食物，这就是锅巴。

锅巴在不同地区有不同的叫法，安徽人叫它"锅粑"，江西人称其为"锅底饭"，广东人叫它"锅焦"，上海人把它叫作"饭糍"……

锅巴的历史可以追溯到4000年前。1992年，考古人员在黄河小浪底施工区调查时，在河清口半坡的一处龙山文化遗址中，发现了一个陶鬲片上有一层古代遗存的食物。它的厚度如纸，面积约有10平方厘米，呈黄色。

考古人员认为，这种食物就是锅巴。锅巴香脆可口、方便携带，既耐储存，又能充饥。过去，人们总是把锅巴收集起来，晒干储藏，等青黄不接的时候，再拿出来充饥。安徽有些地方的人称锅巴为"靠山"，把它看作遇到饥荒时的靠山。

锅巴做菜

锅巴不仅能当干粮，还可以做成菜。明清时期，寺庙里流行吃一道叫作"口蘑锅巴"的素菜，就是把蘑菇和锅巴放在一起炒，然后加入糖、盐调味而成。

世界上最大的锅巴

有一项吉尼斯世界纪录叫作"世界上最大的锅巴"，是在 2019 年由宣城的云岭锅巴创造的。根据记录，这块世界上最大的锅巴直径 3.1 米，足有 93.5 千克重呢！

救命的锅巴

《世说新语》中记载了一个故事。东晋末年，吴郡有个叫陈遗的人，非常孝顺。他的母亲喜欢吃锅巴，他在郡里做官时便随身带着一个布囊，每次煮饭如果煮出了锅巴，就把锅巴装进布囊里保存。就这样，他收集了好多锅巴，准备带回家给母亲吃。

后来叛军攻打吴郡，陈遗随军出征时，仍然没忘记带上装满锅巴的布囊。结果，陈遗所在的军队战败，士兵们四处溃散，陈遗也跟着躲到了没有人烟的山林中。因为没有粮食吃，很多士兵都饿死了，陈遗却靠吃锅巴活了下来。

大米做的"面条"

我们吃的面条大多是用面粉做的，其实用大米也可以做"面条"，这就是美味的米粉和米线。

不过，米粉和米线的做法和面条的做法可不一样，因为大米磨成粉之后，加水揉成的粉团不够紧实，很容易在锅里散开。所以，人们先将大米浸泡，研磨成米浆之后过滤、发酵，然后把粉团压成面条状的米粉和米线。

南北朝时期北魏的农学家贾思勰在《齐民要术》中记载了米粉的详细做法——粉饼法。把经过研磨、浸泡、过滤等过程后得到的米粉和煮沸的汤混合，揉成像面团一样柔软的粉团。

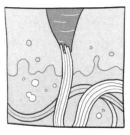

这一步骤看起来和做面条没什么区别，但这种粉团不能用擀面杖来压，否则会四分五裂。聪明的古人想到了办法：他们像我们现代人挤牙膏一样做米粉。找一根上好的牛角，钻上六七个洞，再把一块白色绸布缝在牛角里面作为内衬。在粉团里面加入更多水，调成稀糊之后倒入牛角。稀糊从牛角的孔洞里面漏出来，直接漏进沸水里，就成了白白的米粉。

把煮熟的米粉从锅里捞出来，像吃面条那样配上各种浇头，就可以开吃啦。

各地的米粉

许多地方都有具有当地特色的米粉。贵州米粉相当辣，一碗米粉的汤几乎都是红色的辣油。桂林米粉配料众多，拌上由众多香料熬制的卤水，色香味俱全。当然也别忘了广西的螺蛳粉，它就像臭豆腐一样，闻起来臭，吃起来香。

米粉质地柔韧，富有弹性，水煮不煳汤，干炒不易断，爽滑入味。米粉不管是干拌、汤煮，还是加上肉末、鸡蛋、青菜蒸着吃，都令人称赞不已。

- 小知识 -

稻米的种类

根据粒形和黏性的不同，稻米大致可以分成三种：籼米、粳米、糯米。籼米的籽粒细长，黏性比较小；粳米的籽粒短而圆，黏性比较大；糯米又叫"江米"，特点是煮熟以后特别柔滑、黏糯。

不同的米要用不同的处理方式。籼米适合用来蒸饭，粳米更适合用来煮粥，糯米则可以用来包粽子、做糍粑、制汤圆。

团团圆圆吃汤圆

北方人常说"每逢佳节吃饺子"，不管过什么节，都用吃饺子来庆祝。南方人则不同，过节爱吃汤圆。汤圆象征团团圆圆。汤圆和饺子都是我国重要的节庆食物。

汤圆的做法与饺子有相似之处。将糯米粉用水打湿，揉搓成黏性极强的湿面团。用手揪下一小团湿面团，捏压成圆片，将一团馅料放在圆片上，再用双手边转边收口，就做成了圆滚滚的汤圆。做得好的汤圆表面光滑发亮，有的还在面皮上留一个尖儿，看上去像桃子。汤圆的面皮含有大量的水分，黏度高，不易保存，最好现做现吃。

汤圆的馅料种类十分丰富，流传最广的当数用黑芝麻粉、猪油、白砂糖混合成的黑芝麻馅，除此以外，还有以桂花、玫瑰等为主料的鲜花馅，以及常见的枣泥馅和花生馅。多出现在月饼里的五仁馅，也可以包进汤圆。用各种果干，比如葡萄干、山楂、红枣等做馅料的汤圆，也很好吃。

在江南地区，除了甜味的汤圆，还有用猪肉做馅料的鲜肉汤圆。

清朝的袁枚在《随园食单》中记载了咸味的萝卜汤圆和甜咸兼备的水粉汤圆的做法。

萝卜汤圆的做法："萝卜刨丝滚熟，去臭气，微干，加葱、酱拌之，放粉团中作馅，再用麻油灼之。汤滚亦可。"

水粉汤圆的做法："用水粉和作汤圆，滑腻异常，中用松仁、核桃、猪油、糖作馅，或嫩肉去筋丝捶烂，加葱末、秋油作馅亦可。"

近几年，商家不断推陈出新，南瓜、各种水果、巧克力、咸蛋黄等都加入汤圆的馅料大军中，让汤圆的口味更加丰富多样。

元宵

元宵和汤圆长得很像，不过，元宵不是包出来的，而是滚出来的。先准备一个铺满糯米粉的筲箕，再把准备好的馅料捏成小团，蘸上水，放在筲箕里面。由于馅料上面有水分，糯米面就会粘到馅料上面，使馅料像雪球一样越滚越大。滚好之后的元宵表面光滑，摸上去像丝绸一般柔顺。

元宵节吃汤圆

元宵、汤圆是元宵节的节日美食。据说，最早在元宵节吃汤圆的是宋朝的宁波人。史料记载，当时的宁波人在元宵节这一天，会制作包有白糖、芝麻的糯米球。他们以糯米球煮制时在水中浮浮沉沉的样子为其命名，称它为"浮圆子"，也就是汤圆。

宋朝著名政治家、文学家周必大所写的《元宵煮浮圆子前辈似未尝赋此坐间成四韵》，是我国最早描绘汤圆的诗："今夕知何夕？团圆事事同。汤官寻旧味，灶婢诧新功。"周必大平日整肃军政，励精图治，但在元宵节这天，也会被碗里圆滚滚的汤圆勾起企望团圆的情怀。

绿油油的青团

古时候，有一个很重要的节日，叫"寒食节"。这一天，人们不能生火做饭，只能吃冷食。为什么不能生火呢？原因可能是这样的：春天雨水少，气候干燥，容易引起火灾。因此，人们约定在这段时期禁用火，久而久之便形成了节日习俗。宗懔所作的《荆楚岁时记》中记载："去冬节一百五日，即有疾风甚雨，谓之寒食。禁火三日。"冬至后，过一百零五天，就是寒食节了。

由于寒食节前后不能生火做饭，所以人们便要提前准备吃食，比如制作青团。将艾叶的汁水和糯米粉搅拌均匀，和成糯米粉团，里面包入甜馅料，比如豆沙等，做成的食物就是青团。它的做法跟汤圆十分类似。寒食节和扫墓祭祖的清明节时间相近，后来，人们也用青团祭奠先人。

如今，青团有了诸多口味，比如蛋黄、肉松、抹茶、红豆沙、黑芝麻等。每年到了吃青团的时节，糕点店门口就会排起长队，人们争相购买青团，有时要排数小时才能买到。

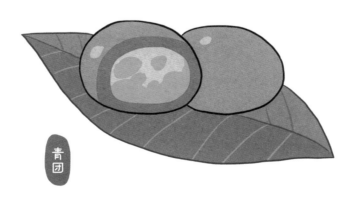

青团

麻球圆滚滚

在许多早餐摊上，我们可以看到一种圆滚滚、金灿灿的油炸食物，这就是浙江人口中的麻球。麻球是一种古老的特色油炸食品，在广东被叫作"煎堆"，在福建叫"炸枣"，在四川叫"麻圆"，在海南叫"珍袋"，在广西叫"油堆"，在北方地区又叫"麻团"。

麻球的主要制作材料是糯米和芝麻。将加有酵母的糯米粉团滚圆，蘸上芝麻，静置发酵四五个小时，然后下锅炸至膨胀，就成了香酥可口的麻球。麻球可以做成空心的，也可以在里面加入豆沙或红枣等馅料，让口感更加丰富。

麻球源于中原，大约在宋末元初时，随移民传播至珠三角地区。在一些地方，每逢春节前谢灶，祭拜灶王爷的时候，人们便用麻球来祭祀。清朝李调元在《粤东笔记》中介绍："煎堆者，以糯粉为大小圆，入油煎之，以祀祖先及馈亲友。"他写的就是广东地区的人们用麻球祭祀、贺年的习俗。

在岭南人眼中，麻球外形滚圆、饱满，色泽金黄，寓意合家团圆；麻球食材中的糖、芝麻等，则寄寓了人丁兴旺、发财致富、生活甜蜜、节节高升的美好愿望。

而在宁波，至今还有不少地方保留着立夏吃麻球的习俗。在这一天，无论大人还是小孩，都会吃香甜的麻球。据说吃了麻球以后，不容易招蚊虫叮咬，还能财源滚滚，邪病不侵。

救了一座城的年糕

民间传说，春秋战国时期，吴国有一位名将叫伍子胥。他帮助吴王打败了楚国和越国，立下赫赫战功，并主持修筑了吴国的新都城。

但是后来伍子胥因为反对吴国接受越王勾践的投降，主张一举灭掉越国，而被朝中奸臣逼得自杀。临死前，他告诉自己的朋友，如果将来越国军队攻打过来，吴国受困，军队和百姓缺少粮草，可以去挖城墙。

正如伍子胥所料，后来越国军队果真来攻打吴国，将吴国都城团团围住。人们困守城内，粮草不济。这时，那位朋友想起了伍子胥的话，率领人们去挖城墙。挖到城墙下三尺深时，大家才发现城墙底下的砖竟然是用糯米粉做的。

伍子胥预先埋下的这些糯米砖，帮助城中军民度过了最艰难的时期。

为了纪念伍子胥，人们后来开始专门制作这种糯米砖。据说这种糯米砖就是年糕的起源。

把生糯米磨成粉后与水混合，放入锅中蒸熟，做成米团，经多次捶打后，便制成了口感细腻、弹滑，又有点粘牙的年糕。还有一种做法是，把糯米加水磨成米浆，蒸成条形或者块状的年糕，这种年糕叫"水磨年糕"。

风干后的年糕十分硬，耐储存，煮后又会恢复原来的口感。因此，每年稻米收获后，有些人家总把一部分稻米制作成年糕，保存起来。

明朝时，人们喜欢在正月吃年糕。到了清朝，这种风气更为盛行。正月吃年糕，寓意年年高升。

噼噼啪啪爆米花

你见过那种黑乎乎的像大炮一样，还会砰的一声发出巨响的老式手摇爆米花机吗？那可是许多人的童年回忆。

20 世纪八九十年代，每到过年前，街头巷尾总会出现携带这种爆米花机的师傅，用不时发出的巨响和诱人的香气，勾引着孩子们肚子里的馋虫。对于孩子们来说，师傅手中那个漆黑、沉重的爆米花机，似乎就是幸福制造机。大人们在寒风中排队，孩子们捂着耳朵躲得远远的，满心欢喜地期待着。

师傅将爆米花机架在火炉上，从米袋里取一大碗大米，放入爆米花机内，再倒入油和糖，然后将盖子盖好、密封。接着，他不断转动架在火炉上的爆米花机，使里面的米粒均匀受热，逐渐变软、变大。十几分钟后，师傅把爆米花机从火炉上取下，用一根棍子将盖子敲开。随着砰的一声巨响，一团白烟升腾而起，热腾腾、香喷喷、白花花的爆米花瞬间喷涌而出，装满了事先准备好的口袋。

爆米花还可以做成米花糕。在大锅里加入水，倒入白砂糖，点上几滴油。等到白砂糖熔化，熬成浓稠的糖浆后，把爆米花、芝麻、花生、核桃、果脯等配料统统倒进锅里，快速搅拌。之后，将锅中的糖浆和配料倒入模具内压实，最后切成大小适中的块，就做出了香香甜甜的米花糕。

早在宋朝时，人们就用类似的方式处理大米了。宋朝诗人范成大在《吴郡志·风俗》中记载："上元，……爆糯谷于釜中，名孛娄，亦曰米花。每人自爆，以卜一年之休咎。"意思是说，在元宵节这天，人们将糯米放进热锅里，用爆开的米花数量来占卜一年的吉凶。

　　虽然我们现在已经很难见到老式爆米花机了，但米花美食并未消失。在生活中，我们仍然可以看到各种米花糕、米花球和米花棒。

面：从小麦到面粉

④

千万别因为稻米能做出这么多美食，就以为它在生活中能稳操胜券排第一了。稻米还有个势均力敌，甚至在有些地方更胜一筹的劲敌——小麦。

你知道我们常吃的馒头、馅饼等是用什么做成的吗？没错，是面粉。那面粉又是怎么来的呢？把小麦的籽粒磨成粉以后，筛出麸皮，就成了白花花的面粉。

小麦遍布全世界，不但种植面积最广，产量也最多。地球上三分之一的人口以小麦为主粮，馒头、面包、蛋糕、比萨、面条……都是这些人的主食。

麦的逆袭

在很久以前，我们的祖先过着居无定所的生活，他们走到哪儿吃到哪儿，靠打猎和采集获得食物。然而，在 12000 年前出现原始农业的雏形之后，一切都变了模样：人们驯化了一些动物和植物作为固定的食物来源，开始在一个地方放牧和耕种，逐渐定居下来，再也不用到处游走了。

人活着就得吃饭，但世界各地的人们吃的主食却不一定相同。归纳起来，世界上有三大主粮——稻米、玉米、小麦。在中国南方地区，人们驯化了稻米；在美洲，印第安人掌握了种植及改良玉米的技巧；而生活在两河流域的西亚人，则驯服了一种杂草作为农作物，也就是后来风靡全世界的小麦。

小麦

不过，由于稻米主要流行于东亚、东南亚和南亚地区，而玉米现在多用于制作饲料，所以真正的世界性主粮只有小麦。

小麦的优点显而易见。首先，它适应性强，在大多数地方都能生长；其次，麦粒不容易脱落，方便人类收割。此外，小麦磨成面粉后，可以做成各种各样的食物：面条、包子、馒头、面包、蛋糕、烧饼、馄饨……

小麦有着如此突出的优点，因此它逐渐从西亚传播到世界各地，被人们广泛种植。比如在埃及，小麦依赖尼罗河的灌溉而得以丰产，成为当地的主要农作物。埃及的谷物之神奈佩里头上有三个代表麦粒的符号，埃及人也最早享用到了面粉发酵后做成的面包。

公元前 5000 年至公元前 1500 年间，亚欧大陆经历了一次主粮广泛传播的过程。小麦经河西走廊传入中国（小麦传入中国也存在其他可能的路径，比如经由北方草原或南方海洋），中国人的饮食习惯也由此逐渐改变。

粟

在小麦传入之前，我国北方地区还是粟的天下。粟，就是我们现在说的小米。从新石器时代起，人们就开始种植粟了，北方地区气候干燥，非常适合粟的生长。北方人种植粟的技术很早就已成熟。《尚书•禹贡》中记载："四百里粟，五百里米。"这说明当时人们向统治者缴纳粟作为贡赋，也证明粟是那时候的主要粮食之一。

春小麦

小麦传入中国后，最初人们像种植粟一样种植小麦，春种而秋收。古代著作《齐民要术》中记载："旋麦，三月种，八月熟。"说的就是三月播种、八月成熟收获的小麦。这种小麦叫"春小麦"。

春小麦的产量并不高，而且不同于小米、高粱等谷物，小麦成熟后要尽快收割，否则麦穗干了之后，麦粒极易脱落。殷墟出土的甲骨文中有"告麦"的文字记载。有学者推测，"告麦"就是指麦子一成熟，立即有人向商王报告，以便及时收割。

麦秀歌

箕子是商纣王的叔叔，屡次劝谏昏庸的商纣王，很不受待见。商朝覆灭后，箕子带领族人离开朝歌。若干年后，周武王建立周朝，赞赏箕子的忠义，把他分封到朝鲜。

后来，箕子受周王邀请回家乡探望。当他路过朝歌——昔日的商朝都城时，看到那里墙垣倾颓，破败不堪，损毁的宫室里长满了小麦和其他庄稼。箕子百感交集，以诗当哭，作了一首《麦秀歌》："麦秀渐渐兮，禾黍油油。彼狡童兮，不与我好兮。"意思是说，小麦吐穗了，禾与黍等庄稼都长得绿油油的。那个顽劣的浑小子不听我劝，导致今日这般景象。

朝歌的商朝遗民听了，无不痛哭流涕。这首诗也证明在那个时候，人们同时种植小麦和其他粮食作物。

冬小麦

小麦后来成功逆袭，取代粟而成为北方人的主粮，这得益于种植方法的改进。

古人观察到小麦的耐寒力强于粟，而抗旱力却不及粟。北方春季干旱低温，这种气候很不利于春小麦的发芽、生长。那么能不能换个种法呢？古人想出了新的种植方法——秋种夏收。将小麦籽粒在秋天种下，冬天麦苗在白雪覆盖下安安静静地积攒力量，春天来临时快速长个儿，夏天小麦灌浆成熟，等待人们收割。这种小麦被称作"冬小麦"。

冬小麦的出现是小麦中国化的关键一步。经过这一变化，小麦才真正在东方土地上扎下根，也有了在更大范围传播的技术基础。小麦比粟好吃，亩产量又高，更受人们的欢迎，因此小麦的种植面积越来越大，成为中国人的主要粮食。

"难吃"的麦饭

猜猜看，人们最早用小麦做出的食物是什么？面条或是煎饼果子？都不对。在很早以前，古人吃小麦就像吃其他谷物一样，直接用麦粒煮粥饭吃。刚成熟的麦粒鲜嫩可口，做出的粥饭有一股新收获的小麦特有的香气，是当令的美食。

麦饭

淹死在粪坑的晋景公

春秋时期有个死相十分难看的君主——晋景公。晋景公生病时做了一个噩梦，他找来占卜师解梦。占卜师告诉他，他的梦预示着他吃不到新麦就要过世了。

晋景公一听就生气了，这不是在诅咒他吗？所以等到新麦收获的时候，晋景公赶紧催人把新麦做成麦饭端上来。吃之前他还专门把占卜师押过来，让占卜师看着他吃，以证明占卜不准。然而晋景公刚准备动筷子，突然感觉肚子不舒服，于是就去上厕所，结果这一去便再也没回来。等侍卫找到他的时候，他已经掉进粪坑里淹死了。晋景公终究是没吃上这顿麦饭。

关于麦饭的记录在史册里还有很多，直到汉朝，以麦粒煮成的饭仍然是百姓的日常饭食。虽然后来出现了石磨，能方便地磨出面粉了，将青麦粒碾碎煮成饭，仍是古人食用小麦的基本方法之一。时至今日，产麦区的农家还时不时地在新麦收获之际，用这种方法煮麦饭尝鲜，别有一番风味。

不过在古代，吃新麦毕竟只是少数人的特权。由于新麦的保鲜时间很短，更多的时候，人们吃的是经过晾晒、存储的麦粒。这种麦粒麦壳坚硬，里面的胚乳黏牙，不易蒸煮软烂，既难以下咽，又不好消化。

幸好，后来人们开动脑筋发明出石磨等工具，把麦粒磨成面粉，再做成各种各样的食物，面食的时代终于来临了。

- 小知识 -

古人用什么研磨谷物？

石磨盘

据考证，石磨盘在旧石器时代就出现了。人们把谷物放在石头做的研磨盘上，用石棒或石饼反复研磨野生坚果、谷粒，既可以给它们脱壳，又能磨碎它们。

石磨盘

圆形石磨

　　圆形石磨是更为方便、省力的谷物加工工具，出现于战国时期，传说是木匠祖师鲁班发明的。

　　圆形石磨分为上下两部分，两部分都是由有一定厚度的大石块所凿成的磨盘。两扇磨盘的接触面有一个磨膛，膛的外围雕刻有一根根像太阳光线的磨齿。

　　磨面的时候，人推动上面的磨盘转动，谷物通过上盘的磨眼流入下面的磨膛，随着磨盘转动被磨齿磨成粉。磨成的粉末从夹缝中流出，再用筛子筛掉粉末里的外壳，就得到谷物的粉了。

　　圆形石磨可以用人力或畜力带动。晋朝时，杜预发明了水转连磨，利用水力推动磨盘转动。自东汉以来，圆形石磨的使用便已经非常广泛，对面食的发展产生了深远影响。

圆形石磨

杵臼和碓

　　杵臼的历史非常久远，传说是黄帝发明的。这种工具以中间有个小坑的石头为臼，以木棍或石棒为杵。操作时，人们把谷物放进臼里，利用双手的力量，举杵捣谷。

　　杵臼操作起来相当累人，后来被改进为用脚踩踏的碓。碓由一个臼和一根木制杠杆组成，杠杆的一端装有一个石杵或木杵。使用时，一人翻抖臼内谷物，一人用脚踩踏杠杆。随着脚的踩踏，杠杆另一端的杵起起落落，锤打在谷物上，能方便地脱去谷物的壳，将谷物捣成粉。

　　碓使用起来相对省力，很快得到普及。到了南北朝时期，几乎家家都有碓。

碓

杵臼

面粉变变变

圆形石磨出现后，人们就可以更加方便地把小麦等谷物磨成粉了。最初，古人把用面粉制作的食物，不管长什么样，统统称为"饼"。"汤饼"包括各式面条，"蒸饼"就是馒头、花卷之类的食物，"胡饼"就是芝麻烧饼。芝麻是汉朝外交家张骞出使西域时引进的，在古代叫"胡麻"，所以人们把烤熟后撒上胡麻的饼称为"胡饼"。

汉魏时期，饼类食品花样繁多，不仅王公贵族喜欢吃饼，民间百姓也把饼当作日常食物。

东床快婿

大书法家王羲之非常喜欢吃胡饼，豪门世族的人来相亲时，他仍然袒露着肚子躺在床榻上啃胡饼。奇怪的是，对方居然很欣赏他的真性情，点名要他做女婿，由此诞生了一个成语——东床快婿。

汉朝时，我们今天熟悉的面条、面片、油饼、烧饼等面食都已经存在了。不过，当时的面食很多都未经发酵，跟我们现在的面食比起来，口感比较硬，放冷了之后更是坚硬难嚼。所以古人在食用面饼时，不得不将其掰碎了放进汤里，西安著名的美食羊肉泡馍就是这么来的。

大约在东汉末，人们在酿酒的过程中大胆尝试，试着将有发酵作用的酒曲掺在面粉中制作饼食。结果他们发现，发酵过的饼蒸熟之后，松软膨胀了许多，吃起来甘甜可口。后来，人们逐渐掌握了保存酵母的技术，制作出了更多酵面食品。

小麦成为北方农作物的主角，大约在东汉中后期，面食开始成为黄河流域饮食文化的重要组成部分。

从初唐开始，民间已经普遍开有面食店铺。在都城长安，大臣们上早朝前，常会在路边买胡饼、馄饨之类的面食吃。当时的馄饨种类很丰富，其中有道"二十四节气"馄饨，由花形、馅料各不相同的二十四个馄饨组成，对应二十四节气，是唐朝名吃。

两宋时期，面食店更加兴盛。宋朝文学家孟元老写了一本叫《东京梦华录》的书，记载了北宋都城东京（今河南省开封市）的繁华景象。书中提到的有名字的面食店就不下十家，售卖包子、馒头、肉饼、油饼、胡饼等各种面食。规模小的店，一般有三五个人；规模大的店，有工匠近百人，设有二十多个，甚至五十多个烧制面食的炉子。至于普通的面食小摊、小贩，更是不可计数。

到了明朝，面条的制作进入高峰期。人们在面粉中掺入多种辅料制成面条，丰富了面条的口感，使面条品种更加多样。明朝美食家宋诩著的《宋氏养生部》中就记载了鹅面、虾面、鸡子面、豆面、莱菔面、槐叶面、山药面等各种特色面条。

我国少数民族也有丰富的特色面食，清朝时满族就以面食为日常主食。编撰于民国时期的《清朝野史大观》中记载，清朝时满族人喜欢吃面食，不常吃米。满族的面食种类繁多，有烤的、蒸的、炒的等多种做法，口味有甜有咸，形态更是各异，比如龙形、蝴蝶形、花卉形等。

如今，中国面食文化最为发达的省份要数山西。山西的面食种类十分丰富，多达四百种，特色面食有刀削面、猫耳朵、莜面栲栳（kǎolǎo）、珍珠疙瘩、羊肉糊饽……多得让人眼花缭乱。陕西是中华面食的另一重地，光是面条的品种就有五十多种，比如岐山臊子面、户县摆汤面、杨凌蘸水面、油泼面等，都是当地名吃。

美味的面食不仅流行于这两个省份，全国各地到处可见面食的身影：北京炸酱面、兰州拉面、延边朝鲜族冷面……甚至在更流行吃大米的南方，也有丰富多样的面食，比如上海阳春面、广州云吞面、重庆小面、台湾担仔面等，都是当地人日常生活不可分割的一部分。这些面食都是中国饮食文化的宝贵财富。

蒸馒头

白白胖胖

⑤

用面团制作食物的一个有趣的现象是，在把小麦麦粒磨成面粉，再加水揉成面团这两个步骤中，所有人的做法几乎都步调一致，到了最后一步却大相径庭：西方人烤，得到了面包；中国人蒸，得到了馒头。

发酵的面团

在中国，几乎每个家庭的厨房里都有蒸锅。甑便是古代的蒸锅，大约 6000 年前就已经出现了。掌握了"蒸"这项技术，人们便轻松地做出了许多好吃的食物。古人先是蒸米饭、蒸菜，后来又开始蒸面食。古籍记载，战国时期"秦昭王作蒸饼"，当时的蒸饼是用未发酵过的"死面"蒸出来的。

到了秦汉至魏晋南北朝时期，发酵技术逐渐普及，被人们普遍用于面食制作。经过发酵的面食吃起来变得松软可口。

那么，什么是发酵呢？这要从酵母菌说起。

酵母菌是自然界中的一类真菌，它的个头非常小，要通过显微镜才能看见。但酵母菌的本领可不小，它可以分解食物里面的糖分，让食物更容易被消化。

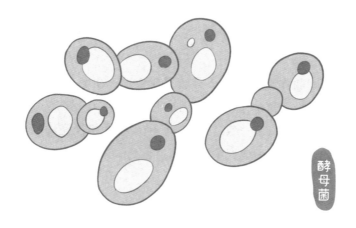

酵母菌

当酵母菌遇上面团时，在适当的温度下，面团就像一个温暖的产床，酵母菌在其中繁衍，吃掉面团里的糖分，并产生大量的气体，将面团内部拉扯得像丝网一样。胀了气的面团体积膨胀，变得松软、多孔。面团在发酵后不仅变得更大、更软、更香，还变得更富营养。

将发酵后的面团留下一小块当作菌种，下次和面时加进面粉里，酵母菌就会在"新家"继续工作。然后再留下一小块面团，下次和面时，还能作为菌种继续使用。如此循环，就可以源源不断地做出发酵面团。有些地方的人们至今仍在使用这种方法做馒头。

东汉有位大臣叫崔寔（shí），他曾整敕兵马，严守边防，令敌人不敢进犯。此外，崔寔还对饮食健康颇有见解。他告诫人们，在夏季不要吃没发酵过的煮饼和水引饼。煮饼和水引饼类似我们现在的面条。

崔寔认为，夏季喝热汤、吃热饼，会使人体出汗多、消耗大；而且未经发酵的面食不好消化，容易积食。最好是吃那种发酵过的酒溲饼，入水即烂，好消化。当时，人们是用酒曲来发酵的，并不知道这是酵母菌的作用。酒溲饼就是用酒曲发酵过的面团制成的面食。

面起饼

南北朝时，南齐太庙祭祀规定用面起饼作为祭品。面起饼，就是经过发酵的发面饼，可视为中国最早的馒头。《齐民要术》中就记载了在不同季节、不同温度下，制作发酵面团所需要的酒曲、面粉用量。这说明当时的发酵技术已经相当成熟，在此基础上，发酵面食推广开来。

炊饼的由来

宋仁宗的名字是赵桢（zhēn，旧读 zhēng）。因"桢"与"蒸"同音，为避皇帝的名讳，人们将"蒸饼"改称"炊饼"。以宋朝为历史背景的小说《水浒传》中，就有个卖炊饼的武大郎。他挑着担子走街串巷，吆喝"炊饼，卖炊饼"，这炊饼其实就是蒸饼。

会开花的蒸饼

南宋诗人杨万里有一首诗叫《食蒸饼作》，诗中写道："何家笼饼须十字，萧家炊饼须四破。"说的是何家的笼饼必须蒸出十字裂纹，萧家的炊饼必须蒸到裂成四瓣。只有把饼蒸成这样，手艺才到位，火候才正好，才算是饼中的精品。这里的笼饼和炊饼，都是指蒸饼。

诗中的"何家"，指的是西晋时期一个在吃这件事上特别挑剔的人——何曾。据史书记载，何曾是朝廷重臣，有钱有权，生活相当奢靡，尤其是在饮食方面，吃得比当时的皇帝还讲究。他对于蒸饼是"不坼（chè）作十字不食"，意思是说，没被蒸出十字裂纹的蒸饼，他是不吃的。所谓"裂纹蒸饼"，类似于我们现在所说的"开花馒头"，只有用发酵得非常充分的面团，才能蒸出漂亮的裂纹馒头。

馒头的由来

"馒头"这个名字，其实很早就出现了。相传，馒头是三国时期的诸葛亮发明的。有一次，诸葛亮率兵行至河边，突然乌云密布，风雨交加。当地人说需要用人头祭河神，才能平息风雨。诸葛亮不肯滥杀，就用羊肉和猪肉做馅，包在面皮里面，做成人头的形状祭神。"馒头"就是"蛮头"的谐音。后来馒头广为流传，成了一种食品。

看到这里你可能有些糊涂：面皮里包肉馅，这不是包子吗？其实，早期的馒头有两个特征，一是里面有肉馅，二是个头大，其实就是大包子。

当时的馒头不但松软可口，而且易于消化，再加上口口见肉的满足感，很快征服了人们的心。

晋朝文学家束皙写过一篇专门介绍面食的《饼赋》，其中就提到了馒头。赋中写道："春宜曼头。"初春时举办宴会适合准备"曼头"，顺应此时的气候。"曼头"即馒头。

宋朝时，馒头渐渐成为中国北方人的主食。无论是达官贵人，还是平民百姓，一日三餐，常以馒头果腹。宋朝人生活较为精致，此时馒头的形状已大大改观，不再像人头那么大了。又有人因为馒头里包有馅料，就顺口称其为"包子"。这一时期，"馒头"和"包子"均指有馅料的蒸制面食。

宋朝之后，馒头和包子才有了明确的区分。到了明清时期，在北方大部分地区，馒头都是没有馅的了。但在江南地区，有些馒头还是带馅的，比如上海人口中的生煎馒头，其实就是生煎包子，在北方叫"水煎包"。

清北方 馒头 包子

清上海 生煎馒头

太学馒头

太学是北宋时期全国最高学府。当时，太学食堂的馒头面皮白软、肉馅鲜香，被称作"太学馒头"。

有一次宋仁宗去太学巡视，特地品尝了这种太学馒头。这种馒头非常美味，所以宋仁宗夸奖道："以此养士，可无愧矣！"意思是说，用这种太学馒头供养人才，可以问心无愧了。

到了南宋时期，太学馒头仍然名气很大。岳飞的孙子岳珂在一次宫廷宴会中吃到了太学馒头，觉得味道极好，忍不住提笔写了一首七言诗《馒头》："几年太学饱诸儒，余伎犹传笋蕨厨。公子彭生红缕肉，将军铁杖白莲肤。芳馨政可资椒实，粗泽何妨比瓠（hù）壶。老去齿牙辜大嚼，流涎聊合慰馋奴。"太学馒头好吃得让他不惜称自己为"馋奴"，岳珂无疑是太学馒头的忠实拥趸了。

苏轼的蕈馒头

说到宋朝的美食家，怎么能少得了大诗人苏轼呢？

"天下风流笋饼餤（dàn），人间济楚蕈馒头。事须莫与谬汉吃，送与麻田吴远游。"性情率真的苏轼吃到以笋为馅的美味馒头后，约了好友吴远游一同品尝。

吴远游不仅像苏轼一样喜欢吃喝，还喜欢游山玩水，苏轼和他算是忘年交。吴远游经常外出游玩，又擅长养生，身体棒得惊人，活了 97 岁。他 90 多岁的时候，还去儋州（今海南省）看望被贬谪的苏轼。在那个年代，算是非常稀奇的了。

多样的馒头

山东馒头

按我们的饮食习惯，早起喝一杯牛奶或豆浆，再来一个馒头夹煎蛋，就是一顿方便、快捷的营养早餐。午餐和晚餐也可以用馒头配炒菜，加上一碗小米粥，美味又健康。

馒头形形色色，富有鲜明的地域特征，其中最有声誉的莫过于山东馒头。据说在山东人眼里，馒头只有两种：山东馒头和其他馒头。山东馒头又大又有嚼劲，吃的时候必须"咬牙切齿"。南方人把馒头当点心，南方的馒头更有江南的温婉风韵，小巧、香甜，吃起来松软可口。

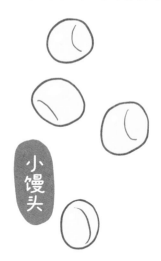

小馒头

在现代人手里，馒头被做出了更多花样。把小馒头串起来烤，撒上辣椒、孜然，口感焦香酥脆；将馒头切开一道口子，里面塞上肉或油饼，就是中西结合的"馒头汉堡"；馒头夹腐乳，咸甜搭配，有滋有味；把馒头切成丁，裹上蛋液，用油炸至焦黄，表面撒少许白糖，就成了好吃的馒头布丁……

烤馒头串

包子的前世今生

"包子"这个词到宋朝才出现，一开始指的不是我们现代的包子。据记载，宋真宗的皇子，也就是后来的宋仁宗出生时，宋真宗非常高兴，赐给前来道贺的群臣"包子"，里面包的全是金银珠宝。不过，这里说的"包子"可不是吃的包子，而是封好的钱袋，类似我们过年时收的红包。后来人们才把这种贵重又吉利的"包子"拿来指代有馅料的蒸制面食，和"馒头"混用。

当时的馒头都是肉馅的，而包子的馅料就丰富多了，不管是肉馅、素馅，还是肉素混合的馅料，都可以包进面皮里。

宋朝的商品经济空前繁荣，夜市上各种小吃店的生意相当火爆，其中就有很多卖包子的店。在商业竞争下，各个店家不断推出新馅料的包子。北宋都城的州桥夜市中，最有名的包子当属梅家、鹿家的包子。南宋时，杭州的食品店中就出售水晶包子、笋肉包子、江鱼包子、蟹肉包子、鹅鸭包子、七宝包子等几十种包子，还有糖馅、豆沙馅、枣栗馅等甜味的包子，可以说是花样繁多。

酸馅

宋朝还有一种素馅包子，外形与肉馅馒头相似，叫"酸馅"。南宋文学家周密所作的《齐东野语》中有个故事。丞相章子厚在家里招待一位叫净端的和尚，仆人误把一盘肉馅馒头端到了净端面前。净端吃了一个又一个，越吃越香。章子厚发现以后，好奇地问净端："出家人不是不能吃肉吗？你怎么还吃馒头呢？"从未吃过肉的净端大吃一惊："我吃的是馒头吗？我还以为是酸馅呢！"可见在那个时候，馒头和酸馅长得很像，馅料却是不同的。

各地包子大不同

明清之后，有馅料的蒸制面食一般都叫"包子"，很少叫"馒头"了。但是在不同的地域，包子的形态却大不一样。北方的包子往往保留了古代馒头的粗犷之风，个头大、馅料足，面皮柔软又薄厚适中，吃一两个就能饱；而南方则流行小笼包，个头小，面皮薄而筋道。

最有特色的包子要数灌汤包，它的馅料里加入了猪皮冻，蒸熟以后，猪皮冻化成浓郁鲜香的汤汁，吃起来别有滋味。不过，如果你是第一次吃灌汤包，那可要多加小心，因为灌汤包里的汤汁容易飞溅，一口咬下去很可能被里面的汤汁烫到。所以有的商家会附赠一根吸管，让食客先吮吸汤汁，再吃包子。

北方包子

小笼包

灌汤包

看了舍不得吃的花馍

你见过寿桃吗？其实寿桃就是一种花馍。花馍又称"面花""面塑"，有着几千年的历史，是我国的非物质文化遗产。将面团捏制成各种动植物造型，蒸熟后，涂上鲜艳的色彩，花馍就做成了。花馍看上去活灵活现、栩栩如生，令人叹为观止。

这么好看的花馍，让人看了都舍不得吃。实际上，花馍的主要用途确实不是吃，而是用于祭祀、嫁娶或祝寿等庆贺活动中。在西北关中地区，但凡过节或举行嫁娶婚仪时，人们都会制作不同造型的花馍来庆贺，所以花馍又被称为"礼馍"。

老虎馄饨

提到礼，有史书记载，周朝时周公制定了一系列礼乐制度，成为后来历朝历代的礼制基础。中国自古就被称为"礼仪之邦"，巧的是，花馍就流行于中国的黄河流域，可见礼制早已经融入人们的日常生活中。

寿桃花馍

清明节祭祖时，山西南部地区的人们会在一大早赶制出新鲜的花馍。这种花馍一般会做成蛇盘盘、刺鱼鱼、上坟娃娃的样子。人们来到先人坟前，插几枝新柳，摆上花馍和其他供品，祈求祖先保佑。

七月初七乞巧节时，人们会做另一种花馍——巧饽饽，样子如石榴、桃子、老虎、狮子等，活灵活现，精巧无比。

　　西北关中地区百姓家中女儿出嫁时，娘家要蒸制一种叫"老虎馄饨"的花馍，就是在老虎样子的花馍上插满面做的花、昆虫、小鸟等。"馄饨"由天地初开的"混沌"二字衍化而来，含有圆满吉祥的寓意。出嫁的女儿回娘家时，要带上做好的面鱼花馍，象征丰收。给老人祝寿要做硕大的寿桃花馍，全家人分吃，其乐融融。

　　花馍的造型颇为奇特，与真实的动植物相比，变形、夸张了很多，但同时又比例协调、生动可爱，令人想起古书《山海经》里的奇禽异兽。很久以前，这一切没有任何教科书或图样可以参考，全凭制作人想象。人们常说"高手在民间"，真正的花馍高手，往往是一些女性，她们凭着灵巧的心思，把想象力发挥得淋漓尽致。

制作花馍的工具其实都是家中的常见物件，如剪刀、梳子、绣花针、笔套等。关键是用一双巧手，通过精心的切、揉、捏、揪、挑、压、搓……使面团变幻出各种惟妙惟肖的造型。

千姿百态的面条

⑥

　　将面粉揉成面团，再做成条状，就成了我们生活中最常见的面食之一——面条。面条不但是我国人民的主食之一，而且是世界上不少国家和地区的热门食品。据统计，亚洲各国每年收获的小麦，大约百分之四十被用于制作面条，全世界估计有十亿人每天要吃一顿面条。

4000 年前的面条

4000 年前的一个白天，在青海高原的黄河边上，几个部落里的人们正在忙碌，有的在烧制陶器，有的在翻耕田地。

在部落的"厨房"——一个稍大点的窑洞里，女人们正一边烹制食物，一边照看小孩。她们把谷物捣成粉，加一点水，揉成黏糊糊的粉团，然后搓成一根根细条，再耐心地把细条抻得越来越细，越来越长。这些细条粗细均匀，颜色鲜黄，和现在的拉面差不多。

突然，人们脚下的大地摇晃起来，天空中传来巨大的爆炸声。一场剧烈的地震突如其来，窑洞里的东西滚落一地。地震引发了山崩，巨石像雨点般从山上滚落下来。窑洞里，大人和孩子紧紧地抱在一起，惊恐万分。随着一声巨响，窑洞被山石压在地下。一只红陶碗也被掀翻，倒扣在地上。在泥土的封存下，这只碗幸运地保存了下来……

21 世纪初，考古工作者在青海的喇家遗址进行考古发掘时，发现了一只红陶碗略为倾斜地翻扣在地上。他们小心翼翼地揭开陶碗，看到里面有一堆条状的东西卷曲地缠绕在一起。这是什么东西呢？从外表看，这些条状物颜色发黄，弯曲有度，很像我们现在吃的面条。

科研人员从这些条状物上取下一点样本，送到实验室进行检测。通过与西北地区常见的大麦、青稞、小麦、小米、高粱、燕麦、谷子、黍子、狗尾草等八十多种植物果实进行比照，科研人员发现，陶碗里的条状物主要成分为小米，同时还含有少量的黍子。他们由此推断，这些条状物很可能就是当时的面条。

可是小米面黏性不高，很难捏合成形，古人是怎样做到用小米面做面条的呢？科研人员在一种延续至今的古老食品——小米饸饹（héle）上发现了端倪。

在我国的河南、河北、山西等地的乡村，人们祖祖辈辈都保留着吃小米饸饹的习俗。将一种木头做的饸饹床子架在锅台上，用小米面和其他面混合，和成面团，将面团塞入饸饹床子底部带小孔的空腔里，在饸饹床子的木柄上施加压力，面团便从空腔的小孔里挤出，挤成的条状面条就是小米饸饹。小米饸饹的形态特点与喇家遗址出土的面条十分相似，它的制作过程也证明了小米面是可以用来做面条的。

这么说来，先民们在 4000 年前就已经混合小米面和黍子面，做成面条食用了。虽然科研人员还不能明确证实，古人是用什么方法把这些黏性不高的原料捏合在一起的，但至少能知道，当时的人们对谷物的处理已经相当娴熟。面条的形态细长均匀，也证明那时的烹饪技术已经非常成熟。

科研人员还有一个有趣的发现：实验检测显示，陶碗里有少量油脂，以及动物的骨头碎片。这些应当是面条的配料，证明这是一碗骨汤面。

史前时期的人的饮食可能比我们想象的更加丰富。他们能吃的东西，绝非只有草籽或者树种。青海喇家遗址面条的出土，说明史前时期人们就掌握了将小米等谷物加工成面食的方法，在饮食方面已经有了相当高的追求，可以说是"精致原始人"了。

小麦面粉：厨师的救星

虽然考古发现证实，在没有小麦面粉的时期，古人也成功地用小米面做出了面条，但是用小米面做面条，肯定不是件轻松的事，因为小米面黏性不强，很难揉捏成形。想必古代厨师在用小米面做面条时，内心一定不算愉快：这活儿不好干啊！

小麦则不同。小麦面粉中有一种蛋白质，它一遇到水就能使小麦面团像吹了气的皮球一样，体积膨胀，变成延展性、弹性、韧性、亲水性都很强的湿面筋。这样一来，面团便经得起揉、搓、捶、打、抖、溜、压、擀，而且不会散开。如果在和面时加入适量的盐和碱，面团的韧性、

弹性便会更强，做出的面条更加筋道。不难想象，小麦面粉出现后，厨师们一定是纷纷拍手叫好，内心感慨：可算是省事了！

东汉时，能更加高效、省力地磨出面粉的石磨推广开来，为面食的普及奠定了基础。汉朝刘熙《释名》中，就提到了当时的很多面食，比如蒸饼、汤饼、蝎饼、髓饼、金饼、索饼等。其中，索饼和汤饼很有可能就是后来的面条。"索"是条索的意思，"索饼"是长条形的面食；而汤饼就是用水煮熟后，连汤带水一起吃的面食，类似我们现在吃的汤面。

魏晋以后，关于面食的记载就更多了。晋朝的束皙特别爱吃面食，在《饼赋》中，他提到"煮麦为面"，明确地将小麦和面食联系了起来。这时，面食已成为人们的家常饭食。特别是在冬天，热乎乎的汤饼吃得人满头大汗，别提多舒服了，因此束皙将汤饼视为冬季最佳饮食。

当然了，这些只是文人们的只言片语，从科学研究角度来讲，还不能作为面条起源的充分证据。那么，在中国古代，用小麦面粉做的面条，究竟是从什么时候起源的呢？

《齐民要术》给我们提供了线索。书中详细记载了水引饼的制作方法："挼（ruó）如箸大，一尺一断，盘中盛水浸，宜以手临铛上，挼令薄如韭叶，逐沸煮。"意思就是，将和好的面团揉搓成筷子一般粗细的面线，一尺为一段断开，放入装有清水的盘子中浸泡，再烧上一锅水，等水烧开后，将每根面线拉成像韭菜叶那样的薄条，投入水中煮。

光从文字描述上看，这种面食可能是面条，也可能是面片。那当时的筷子有多粗呢？和现在的差不多粗，呈圆柱形；而那时一尺的长度约为 30.9 厘米。所以，这种"挼如箸大，一尺一断"的长条形面食，绝不可能是面片，而更类似于现在的面条。

据此，人们一致认为，中国古代用面粉做的面条，在 6 世纪南北朝时期就出现了。日本学者也认定，日本面条最初的制作工艺的源头也在于此。

- 小知识 -

筷子的历史

最早的筷子，就是原始人随手从树上折的两根细长的小树枝。到了大约 7000 年前，我们的祖先就已经会用兽骨磨制筷子了。再往后，青铜筷、象牙筷、金筷、玉筷……各种材质的筷子层出不穷。不过，人们渐渐发现，最好用的还是用竹子和木头削成的筷子，竹筷和木筷轻便，又不像金属筷子那样容易烫手。

古人把筷子叫"箸"，也叫"梜（jiā）"，那为什么后来又改称"筷子"了呢？明朝文人陆容在《菽园杂记》中写道，吴中地方的船家觉得"箸"和"住"谐音，而他们最怕行船不顺，停驻下来不能快速到达目的地，所以他们把"箸"换成了和"快"谐音的"筷"字。后来，这种叫法慢慢流传到了全国。如今，陕西那边还把装筷子的笼子称为"箸笼子"。

从汤饼到面条

唐朝时，官方和民间仍然称面条为汤饼。汤饼因长条的形状被人们寄寓了长寿的意义，又因其冷热皆宜，什么天气都适合吃，所以当时的宫廷里兴起了过生日吃汤饼的习俗。

相传，唐玄宗有一次想要废掉王皇后，另立新欢。王皇后以情动人，回忆起往事，说："陛下难道不记得自己以前过生日的时候，我父亲亲手给你做汤饼吃的情形了吗？"这句话勾起了唐玄宗的回忆，他大感惭愧，暂时放下了废掉王皇后的心思。

除了皇家，当时民间也流行摆"汤饼宴"酬客。宴席上以汤饼为主食，以肉类、蔬菜为副食。在婴儿出生之日或周岁生日这一天，父母会举办"汤饼宴"为其祝福。

古代的冷面

唐朝人喜欢吃一种冷面——将槐树叶的汁水和面粉和成面团，切成条状，下锅煮熟后捞出，再过冷水，最后放入热油以及调味品。这样做出来的碧绿的冷面就叫"槐叶冷淘"。

夏季，唐朝宫廷里就会供应槐叶冷淘，凡是朝廷召集官员上朝或参加宴席，九品以上官员都可以得到一份。诗人杜甫吃过槐叶冷淘后，对它念念不忘，专门写了一首诗叫《槐叶冷淘》，来称赞这种"经齿冷于雪"的清爽美食。就连皇帝在晚上纳凉时，也必定命人送上一碗槐叶冷淘来吃。

宋朝宫廷也会在夏季用冷淘面招待大学士。清朝时，夏至当天，京城家家户户都会吃冷淘面，所以当时京城中流行这样一句谚语："冬至馄饨夏至面。"冷淘面也被当时的人称作"都门之美品"。

古代的面条

"面条"一词真正出现在宋朝。宋朝经济繁荣，餐饮业空前发达，京城餐馆所卖的面条足有五六十种，鸡丝面、三鲜面、笋泼肉面、炒鳝面、卷鱼面、银丝面、蝴蝶面、骨头汤面……和我们现在能吃到的面条种类差不多。

到了元朝，当时书籍中记载的面条就有近百种，还出现了可以长期储存的挂面。元朝宫廷太医忽思慧是中国第一位蒙古族饮食文化专家和营养专家，他在《饮膳正要》一书中介绍了用挂面做羊肉汤面的方法：将羊肉、蘑菇、鸡蛋、糟姜、瓜荠和挂面一起煮，再加入胡椒、盐、醋，一碗美味的羊肉汤面就做好了。

明朝时，人们已经不满足于仅在面汤里加调料。把鸡肉、虾肉等不同食材剁成碎末，与面粉一起揉成面团，擀制后切成面条，就做成了鸡面、虾面、山药面、鸡蛋面、黄豆面……荤素不同、种类丰富的原料，使面条的口感别有风味。比如现在香港人仍然在吃的虾子面，就是把鲜虾子揉到面里，以此来增添面条的鲜味，就连面汤都能"鲜掉眉毛"。

这时又出现了一项南北差异。南方人吃面条，喜欢用油、盐、酱、醋等作料给面汤调味，面条味道一般，汤却极好喝，这种吃法重点在汤，而不在面。北方人则不然，他们把各种味道揉进面条里，面条口味丰富，而汤味清寡，主要靠浇头提味，这种吃法重点在面，而不在汤。

明末清初文学家李渔十分喜爱研究美食，他发明的八珍面，就是后面这一类面条的代表。八珍面的做法是，把鸡肉、鱼肉、虾肉三种肉晒干，和鲜笋、香蕈、芝麻、花椒一起，研磨成极细的粉末，然后和入面粉，再加入调制好的鲜汤汁揉成面团，最后做成面条。这种面条一共要用到八种配料，所以叫"八珍面"。八珍面美味可口，鲜香无比，深受人们喜爱。

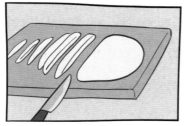

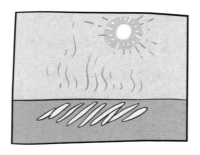

清朝的方便面

清朝还出现了一种方便面——大名鼎鼎的伊府面。这种面据说出自清朝书法家伊秉绶的家厨之手。

伊秉绶经常在家中举办宴会，聚集文人墨客吟诗作画。为此，喜欢吃面条的伊秉绶发明了一种特色面条：用面粉加鸡蛋，掺水后和成面团，然后切成面条。将面条晒干并卷曲成团，放入油锅中炸成金黄色，捞出后储存备用。客人来了，抓一把出来，用开水冲烫，加上作料即可食用。因为这种面条出自伊秉绶府上，所以就被称为"伊府面"。伊府面作为后世方便面的鼻祖，一直流传到现在。

面条的不同吃法

在中国，面条可谓是"上得厅堂，下得厨房"。王公贵族喜欢吃，贩夫走卒也吃得起。它可以搭配各式辅料，也可以清汤寡水。在长久的历史进程中，面条发展出了多种吃法。

煮面

我们平时吃得最多的，可能就是煮面了。上海的阳春面就是煮面的代表。许多人第一次看到阳春面会傻眼：这不就是清汤面吗？用水把面煮熟了，加上油、盐、酱、醋，真看不出有什么好吃的。别急，秘密在汤里。阳春面的汤是用肉骨头熬制的高汤，味道鲜香无比，且不含一点油腥，对于口味清淡的江浙人来说，再爽口不过了。

而对于喜欢大块吃肉的西北汉子来说，清汤面不够过瘾。他们喜欢吃的汤面，一定要浇上浓浓的骨头汤，再加上牛肉、排骨等配料，连面带肉，吃起来才痛快。

炒面

面条不仅可以煮着吃，还可以炒着吃。先将面条煮至半熟，放凉后，与蔬菜、肉类等配料一起炒，喜欢吃什么就往里放什么，鸡丝、虾仁、胡萝卜……炒面百搭，既能做成一道菜，又能当主食。

焖面

焖面的做法是先将蔬菜、肉类等配料煸炒后，往锅中稍加一些水，再放入面条，盖上锅盖用小火焖一会儿，依靠锅中的水汽将面条焖熟。在水分即将烧干时，打开锅盖翻搅几下，焖面就可以出锅了。焖的面条吸足了蔬菜和肉类里的汤汁，吃起来爽口顺滑。常见的焖面有羊肉焖面、芸豆焖面、豆芽焖面等。

蒸面

蒸面可以算是焖面的简化版。将面条蒸熟后放凉，调一碗拌面汁，比如蒜泥凉拌汁，浇到面条上，就是好吃的蒸面。

炸面

炸面是先将面条煮成半熟，放凉后倒入油锅，炸成一根根的面棍，再浇上各式调料。常见的炸面，比如海鲜炸面、鸡丝炸面等，都很受人们的欢迎。

氽面

氽（cuān）面类似清汤面。与清汤面不同的是，氽面是在面条快熟时，倒入用汁料调好的鲜肉丝，再加入咸、酸、辣、麻等味道的调味品一起煮，把味道煮进面条里。

吃面的习俗

在中国人的饮食里，面条是家常便饭。逢年过节时，人们更少不了要吃顿面条，面条也被人们赋予上一层喜庆的色彩。

喜面

庆贺新生儿诞生时吃的面条叫"喜面"。新生儿的诞生是每个家庭的喜事，俗称"添喜"。在一些地方，人们会在婴儿出生时，给亲朋好友送面条报喜。生的是男孩，就送宽面条；生的是女孩，则送细面条。见面如见人，皆大欢喜。

到了婴儿满月这一天，收到喜面的人都会来贺喜。主人家也会用面条作为主食来招待客人，象征孩子长命百岁，这便是吃喜面的习俗。

唐朝诗人刘禹锡有一首诗说道："引箸举汤饼，祝词天麒麟。"描述的就是满月宴上，人们吃喜面、庆贺主人家添喜的场景。

寿面

给老人祝寿时吃的面条叫"寿面"。俗话说："人到七十古来稀。"过去，人们的平均寿命不长，所以每逢老人的生日，儿女们一定要操办一场热热闹闹的寿宴。寿宴上的主食常为面条，这种面条也称"长寿面"。

相传，汉武帝有一次过生日，御厨做了一碗面条呈上。汉武帝一看，觉得太寒酸，眼看就要发火了。这时，旁边的大臣东方朔灵机一动，向汉武帝解释说，长长的面条象征着延年益寿、长命百岁，汉武帝这才转怒为喜。祝寿吃长寿面的习俗就这么流传开来。

贵阳有一种传统寿面，专门用来给老人做寿。这种面条又白又细，犹如老人的银须白发，因此人们给它起名"太师面"。

年节面

春节时吃的面条叫"年节面"。在许多地方，除了饺子，面条也是春节必不可少的美食。饺子像金元宝，面条像金线或银线。倘若面条和饺子一起吃，那就是"金丝缠元宝"或"银线吊葫芦"，寓意长寿发财。

在一些地方，人们过年吃饺子前，要先吃一碗面条，叫作"吃钱串子"，寓意钱财会如面条一般绵绵不断。闽南人的习俗是春节第一餐吃面条，寓意岁岁长久。

龙须面

农历二月初二是民间习俗中的"龙抬头"日，这一天人们要吃细如须发的龙须面，以示吉祥。

农历二月是即将春耕的时候，北方的干旱土地急需一场春雨的滋润。在民间传说中，龙王主管布雨。农历二月初二这一天，沉睡了一冬的龙王抬起头，开始呼风布雨了。民间俗语说："二月二，龙抬头，大家小户使耕牛。"吃完龙须面，就要准备春耕啦。

特别的面条

雀舌面

雀舌面不是长条形的,也不是块状的,而是一种大小、厚度像麻雀舌头一样的面条。雀舌面特别适合老年人吃。

指甲面片

指甲面片是一种形状、大小像指甲一样的面片,是我国西北地区的人常吃的美食。将面团反复捶揉,做成指头粗细、长二寸的圆条。煮上一锅羊肉汤,将圆条掐成指甲大小的面片,放到锅里煮熟。盛到碗里后,佐以香菜、油泼辣椒和其他小菜,美味的指甲面片就做好了。

酸浆面

西北地区的人们在夏季喜欢吃酸浆面。酸浆,就是食物发酵形成的酸水。具体做法是将新鲜的芹菜、白菜、萝卜缨等食材切成段,用开水略烫过后,浸入盛有凉水的缸或瓮中,然后将盖子封严。经过三至五日的发酵,酸浆冒出一股酸而不腐的气味,让人光是闻到就胃口大开。

烹饪时,舀出少许酸浆,加入一些清水煮沸,作为浇头倒入煮熟的面条中,再加入食盐、辣椒、葱花、花椒等调味料,酸浆面就做好了。这种饱含着植物汁液的酸浆具有祛热、防暑、助消化的功效,是我国劳动人民的一种夏季保健食品。

⑦ 好吃不过饺子

人们常说"好吃不过饺子"，尤其是在过年过节时，百姓的餐桌上总少不了饺子这种美食。不过，你要是穿越到 2000 年前跟古人谈论饺子，他们准会一脸茫然，因为饺子最初并不叫这个名字。

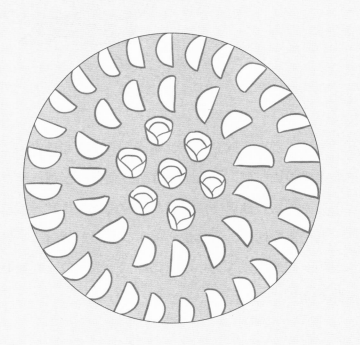

能治病的饺子

早在 2500 多年前的春秋时期，饺子的雏形就已经出现了。在山东省滕州市，考古人员发掘出一座春秋时期的薛国君主墓，从中出土了一套青铜礼器，其中有一个锈蚀了的铜簠（fǔ）。考古人员打开一看，铜簠里面整整齐齐地摆放着一些白色食物，形状为三角形，长四五厘米，里面包着屑状馅料，看起来很像现在的饺子。

老百姓把发明饺子的功劳归于一位帮大家治病的大夫。在民间传说里，饺子最早叫"娇耳"，是东汉时的名医张仲景发明的。

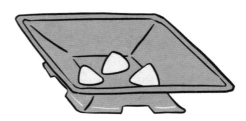

祛寒娇耳汤

张仲景曾任长沙太守，辞官后回到老家河南南阳行医。相传在冬季，他看到很多穷苦的农民没有帽子戴，耳朵长了冻疮，便在冬至那一天熬制祛寒娇耳汤，施舍给穷人们喝。他用一口大锅熬煮羊肉、辣椒和一些祛寒药材，然后把这些东西捞出来切碎，用面皮包成耳朵样子的娇耳，煮熟后分给穷人，要他们连汤一起趁热吃下去。这一招果然十分有效，大家吃了娇耳喝了汤，身体暖和起来，耳朵上的冻疮也好了。

冬至吃娇耳不冻耳朵的传说，就这样流传开来。至今，有的老人还会念叨"冬至不端饺子碗，冻掉耳朵没人管"。

饺子的历史

再往后，出现了一种叫"牢丸"的食物。束皙在《饼赋》中记录了牢丸的做法：做牢丸用的面粉，要一筛再筛，务求面粉的粉质如飞扬的白雪般细白；选用优质的羊膀和猪肋肉剁成馅，肉要肥瘦各半，味道才鲜美；在肉馅中加入葱、姜、桂末等作料，以及盐和豆豉，搅拌均匀；将馅料用面皮包好，放入笼屉中，再烧上一锅水，待水烧开了，立即把笼屉放到锅上，将里面的牢丸用猛火蒸熟。蒸熟的牢丸皮薄馅嫩，颜色雪白，香味四溢。牢丸也可以用水煮，虽然水煮的牢丸在口感上少了几分筋道，却多了滑润、清爽、鲜而不腻的特色，同样令观者垂涎，令食者陶醉。你瞧，有面有馅，可蒸可煮，这牢丸就是饺子和包子共同的祖先。

到了南北朝时期，出现了一种叫"馄饨"的面食，但它并不像今天的馄饨，反而更接近饺子。这一时期的文学家颜之推，在他所作的《颜氏家训》中提到："今之馄饨，形如偃月，天下通食也。""偃月"就是半月形，这种"形如偃月"的馄饨，在1000多年前就已经在民间广为流传了。南北朝以后的官方记载和民间记录中，馄饨被提到的次数多了起来，成为人们的家常美食。

除了文字记录，人们还找到了实物证据。新疆博物馆中有件展品是1300多年前的饺子，出土自新疆地区的唐朝墓葬，形状如弯弯的月亮，被盛放在木碗中。虽然这只饺子已经破损，但还是能看出它的形状与今天的饺子完全一样。考古人员在新疆地区其他的唐朝墓葬中也发现了类似的饺子，这说明饺子已经走出中原，来到了西域地区。

宋朝时，出现了与"饺子"发音相近的"角儿"。角儿，其实指的就是当时的饺子。不过，角儿变得皮厚、馅大，馄饨则变得皮薄、馅小，两者明显区分开来。角儿的品类有很多，比如水晶角儿、煎角儿、市罗角儿等。

　　到了清朝时，饺子除了做法日益精细之外，品类也进一步增加，名称也越来越多。"角子"和"饺子"这两个名称在清朝都被普遍使用。在北方地区，蒸食的饺子被称作"烫面饺"，水煮的饺子被称作"水饺"。此外，在不同的地方，饺子还有"扁食""煮饽饽""水包子"等多种名称。

春节的饺子

"**饺**子"这个名称到底是怎么来的呢？可能跟过年吃饺子的习俗有关。中国古代按天干地支计时，午夜 12 点为子时，又称"子夜"。大年三十子夜钟声一响，人们便由旧的一年迈进新的一年，这就叫"更岁交子"。此时人们吃这种带馅料的食物，正是为了辞旧岁，迎新年。于是，这种食物就被称作"交子"。又由于"交子"是食物，所以人们在书写时，就给"交"字加了食字旁，现在写作"饺子"。

那么，过年吃饺子这个习俗是从什么时候开始兴起的呢？可能是明朝。记录明朝宫廷生活的《明宫史》中，就记载了人们在除夕之夜，也就是正月初一凌晨吃饺子的习俗："五更起……吃水点心，即扁食也。"后来，这个习俗在民间也普遍流行起来。清朝年间，河南《修武县志》记载："正月元旦鸡鸣起，祭神祀先，火鞭爆张声闻四邻，灯烛达旦。黎明饭扁食。"说的就是在正月初一这天，人们早早起床，先祭祀祖先，燃放爆竹，然后一起吃饺子。

皇家饺子

清朝的满族把所有面食都称为"饽饽"，煮饺子就叫作"煮饽饽"。清朝皇宫里有个规矩，除夕这一天要吃素馅饺子，以示勤俭节约。另外，吃过油腻的荤腥食物，来一碗素馅饺子，对皇族成员来说，也能减轻肠胃负担。

但是随着时间流逝，社会的纲常秩序逐渐废弛，皇宫里的很多规矩也都渐渐走样，在光绪年间，皇帝终于破例，在年夜饭时吃了菠菜肉馅的饺子。

过年包饺子

过年吃饺子的习俗一直延续到现在。至今，大江南北还流传着这样一首童谣："二十三，糖瓜粘；二十四，扫房子；二十五，磨豆腐；二十六，去买肉；二十七，宰公鸡；二十八，把面发；二十九，蒸馒头；三十晚上熬一宿，初一初二满街走。"

在我国北方地区，进入腊月后，家家户户便早早开始准备过年大餐，大年三十的饺子是重头戏。其实从腊月二十九开始，勤劳的人家就已经在做包饺子的前期工作了，准备好萝卜、韭菜等需要用到的食材。

大年三十这天，"包饺子战役"正式打响。人们挥刀上阵，乒乒乓乓剁起肉馅来。从村头到村尾，各家各户的剁馅声响成一片，在大家看来，这才是年节应有的声音。听到这种声音，路过的行人不由得加快步伐，回家的心更急切了。

在民俗中，就连这剁肉馅的声音也有讲究：剁肉馅时不可剁剁停停，最好能一气呵成，而且持续的时间越长越好，象征着好日子绵延不绝。不过，从最实际的角度来看，肉馅剁的时间越长，口感就越细腻，所以这不仅是为了吉利，也是为了更好地满足口腹之欲。

将剁好的肉馅和菜馅倒在一个大盆里，淋上小麻油，加入盐、五香粉、生姜粉、胡椒粉，用筷子搅拌，香气满屋子蔓延开来。饺子馅拌好后，全家老少围坐在桌子旁，开始包饺子。大人们边包边聊天，小孩子挤在中间有模有样地跟着学。平日里忙得顾不上闲聊的亲人，此时是有说不完的话。欢声笑语不时响起，人人都喜上眉梢。

饺子的形状

　　饺子的形状多种多样，最常见的是弯月形，包制时沿着面皮边缘，捏出均匀有致的褶子，称作"捏福"。另外还有元宝形，象征财富遍地、金银满屋。麦穗形的饺子则象征着五谷丰登。

饺子的摆放

　　饺子的摆放也有讲究。山东人喜欢把包好的饺子放在一张圆形大盖帘上，先在中间摆放几只元宝形饺子，再将其他饺子绕着"元宝"一圈一圈地向外逐层摆放，像是一圈圈的水波纹，漂亮极了。

饺子下锅啦

在过去，饺子可是除夕夜的重头戏。饺子包好了，也整整齐齐地摆好了，但还不能马上煮来吃。为什么呢？时辰未到。

等到新年的钟声敲响，孩子们欢天喜地去屋外放起了鞭炮，厨房里才能把饺子扑通、扑通下入沸腾的锅内。用锅铲顺着一个方向搅动，白生生的饺子就像河里的小鸭子，在锅里欢快地"游动"起来。

第一道水烧开了，这时千万别把饺子捞出来，水虽然煮沸了，可饺子里面的馅还没熟呢。这时要再倒入一瓢凉水，给沸水降降温，避免把饺子皮煮破。这样几次凉水加下来，直到饺子一个个浮上水面，才表明饺子熟了。关火，将饺子捞起，先敬祖先，然后全家人一起享用。

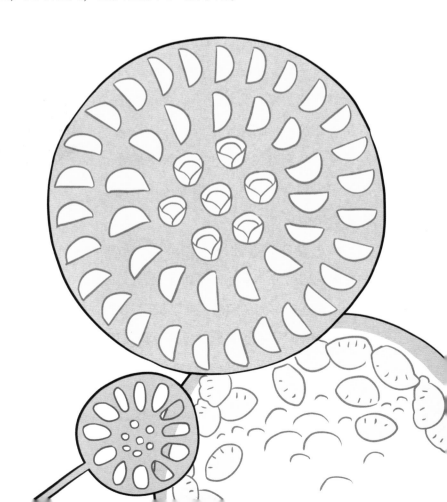

家家户户吃饺子

金鱼饺

蛋饺

在物资匮乏的年代，饺子是老百姓逢年过节时才能吃上的美食。因为包饺子需要面粉、馅料，还需要各式各样的调味品，普通人家只能在一年中最重要的节日里吃上一回饺子。于是，在人们的饮食记忆里，饺子的崇高地位就形成了。

尤其对于北方地区的百姓来说，在重要的日子里，就要好好吃顿饺子，否则就缺少仪式感。大年三十吃饺子，正月初一吃饺子，正月十五吃饺子，头伏吃饺子，冬至吃饺子，小寒、大寒还要吃饺子。到后来，甚至发展为考试前吃饺子，结婚吃饺子。

饺子能够成为人们节日餐桌上必备的美食，至今仍然受到人们的喜爱，与它的包容性分不开。对于饺子而言，没有什么菜是不能入馅的，而且不同的馅料还有不同的寓意：韭菜寓意久财，白菜寓意百财，香菇寓意鼓财，酸菜寓意算财……更重要的是，这些不同的口味能满足一个大家庭里所有人的需求，你总能找到自己爱吃的馅料，这种包容性可以说是饺子的一大"美德"了。

在有些地方，人们包饺子时，还会将红枣、花生、栗子、硬币等包到馅料里，吃到红枣的人日子会甜甜蜜蜜，吃到花生的人会健康长寿，吃到硬币的人会财运亨通……实际上，人们是在用这些东西来寄托美好的愿望。

北方人爱吃的饺子，有酸汤饺子、羊肉饺子、牛肉饺子……南方人则在饺子皮和外形上下功夫，做出了金鱼饺、蛋饺、芋饺等好看又好吃的饺子。西南地区的人爱吃辣，对饺子也不例外。在四川人眼里，除了红油饺子，其他的都不够味儿。而沿海地区的海鲜饺子是一绝，从山东的鲅鱼饺子，到广东的水晶虾饺、蟹黄灌汤饺，鲜得人舌头都要掉了！

如今，人们的年夜饭有了更多选择，甚至可以去餐厅预订一桌丰富的宴席，但饺子永远是过年时餐桌上不可或缺的主角。

古人一天吃几顿饭？

每天吃三顿饭，这是我们从小就养成的习惯，但古人并不是这样的。

原始社会没有定时、定点吃饭的规矩，人们感觉肚子饿了，就会去吃东西。到了商周时期，人们才把吃饭时间固定下来，并形成了一日两餐制。

古人非常讲究吃饭的时间，在规定的进餐时间之外吃饭，就会被看作一种非常无礼的行为。湖北省云梦县睡虎地秦墓出土的战国时期的秦简中记载，当时的人每天上午十点左右吃第一顿饭，叫"朝食"，也叫"饔（yōng）"；下午四点左右吃第二顿饭，叫"飧（sūn）"。

一天只吃两顿饭，能吃饱吗？对于习惯一日三餐的我们来说，可能会饿。不过，古人的作息时间和我们不一样，他们一般是太阳落山了就睡觉。

后来，物质条件比较好的贵族人家逐渐开始一日吃三餐，并且有了早饭、午饭、晚饭的区分。和我们现在一样，古人的早饭通常只是简单的小吃和点心，所以也叫"早点"。不过，对于穷苦的百姓来说，每天吃三顿饭还是太奢侈了。所以直到唐代，社会上还是两餐制与三餐制并行。到了宋代，由于农业发展为人们提供了比较充足的粮食，才最终确立了一日三餐制。

- 结语 -

　　海洋民族选择与大海搏击的生存方式，农耕民族则千百年来始终跟土地打交道。而传承千年的农耕传统无疑是悠久而灿烂的中华文明的重要组成部分。

　　在农耕劳作中，一分耕耘，一分收获，任何投机或偷懒的行为都会造成直接的损失。农人们长年累月辛勤劳作，靠自己的双手丰衣足食。从中我们也能体会到踏踏实实做人的道理。

　　种地依赖天气，要是发生气候灾害，就容易年谷不登。但即使天有不测风云，坚韧不拔的中国人也不会丧失对生活的信心。

　　农业生产是个系统工程，通常需要大家通力合作。在这个过程中，人与人的感情也更加亲密，社会更有人情味。

　　从年复一年、周而复始的春耕、夏耘、秋收、冬藏中，农人总结出大自然的运作规律，安排出各种富有情趣的岁时节庆。每逢佳节，人们便将自己的劳动果实做成最可口的食品，以此表达对天地的感恩。

　　按照传统农历，一年始于春节。这一天，一定要与家人欢聚一堂，吃一顿团圆饭。在我国南方地区，春节饭桌上的主角是年糕，象征年年高，即生活水平一年更比一年高；许多北方人则在这天吃饺子，代表岁月交替，辞旧迎新。

元宵节是春节之后的又一个重要节日，与春节只隔了十五天。在古代，元宵节也是非常重要的节日，是一年中的第一个月圆之夜。很多有官职的人在这一天会放假休息。很多贵族妇女也最喜欢这个节日，这一天她们可以开开心心地出门玩耍。北宋文人欧阳修写道："去年元夜时，花市灯如昼。月上柳梢头，人约黄昏后。"描写的就是元宵节的景象。人们在这一天吃汤圆或元宵，汤圆和元宵都有着合家团圆的含义。

立春通常在春节前后，代表新一年劳作的开始。立春日人们吃春饼、春卷，称为"咬春"。立春过后，离下地干活的日子就不远了。

接下来是寒食节与清明节。寒食节比清明节早一两天，在唐朝以前是个重要节日。寒食节期间不能动烟火，只能吃冷食，有踏青和祭扫坟墓的习俗。唐朝之后，清明节和寒食节逐渐合并成同一个节日，作为节令食品的青团也流传至今。

犁完地，插完秧，农人暂时可以歇口气，插空过个端午节。农历五月初五是端午节，这一天我们要纪念伟大的爱国诗人屈原，分享节日美食——粽子。

民间传说，农历七月初七是牛郎织女相会的日子。七夕也是未出嫁的女孩向上天乞巧的节日，希望上天保佑自己聪明、灵巧。女孩们要亲手做出乞巧果子，然后互相比一比谁做的果子最精巧。

农历八月十五是中秋节，象征着团圆、美满的月饼正当令。全家老少在这个月圆之夜，摆上西瓜等水果，品饼赏月，谈天说地，尽享天伦之乐。

九九重阳节是古代的尊老节。这一天人们喝菊花酒、吃长寿糕，祝愿家中的老人健康长寿。

冬至既是节气，也是一个重要的传统节日。北方人认为，冬至吃饺子才是正统；而南方人表示：我们在这一天要喝赤豆粥。在广东地区，人们在冬至时，会用糍粑等食物祭祀祖先。

到了农历腊月初八，也就是腊八节，人们要煮腊八粥、腌腊八蒜。这时万物凋零，农忙时节已经结束。大家清点一年的收获，祭祀神灵和祖先，祈求来年能够幸福、吉祥。

丰富多彩的节日食俗，体现了中华民族追求幸福生活的美好愿望。在辛苦的劳作之余，人们巧用心思，把劳动成果做成美食供奉祖先、敬养老人。正是在这样一代又一代的传承中，中华文明走过了几千年的历程，成为世界文明中的奇迹。